逻辑学入门

孟兆福 景然 著

出谬误 好好讲道理的逻辑学知识

中国纺织出版社有限公司

内 容 提 要

在我们的生活和工作过程中，总是会遇到一些人，他们滥用逻辑谬误，强词夺理，误导他人。学好逻辑学知识，能够帮助我们破斥"杠精"们的谬误、维护真理，本书在四个章节中，向读者介绍了什么是"杠精"，诡辩的本质，如何利用逻辑规律反击"杠精"，以及如何在思考和表达中学会使用逻辑知识。本书全面地介绍了好好讲道理的逻辑学知识，能够帮助读者在日常生活和工作中运用逻辑学知识进行沟通和表达，本书语言活泼、案例丰富，对于深奥的逻辑学知识进行了深入浅出的讲解。

图书在版编目（CIP）数据

逻辑学入门：反击谬误　好好讲道理的49个逻辑学知识 / 孟兆福，景然著. --北京：中国纺织出版社有限公司，2022.8
ISBN 978-7-5180-9567-4

Ⅰ. ①逻… Ⅱ. ①孟… ②景… Ⅲ. ①逻辑学—通俗读物 Ⅳ. ①B81-49

中国版本图书馆CIP数据核字（2022）第092378号

责任编辑：郝珊珊　　责任校对：高　涵　　责任印制：储志伟

中国纺织出版社有限公司出版发行
地址：北京市朝阳区百子湾东里A407号楼　邮政编码：100124
销售电话：010—67004422　传真：010—87155801
http://www.c-textilep.com
中国纺织出版社天猫旗舰店
官方微博 http://weibo.com/2119887771
天津千鹤文化传播有限公司印刷　各地新华书店经销
2022年8月第1版第1次印刷
开本：710×1000　1/32　印张：6.25
字数：154千字　定价：58.00元

凡购本书，如有缺页、倒页、脱页，由本社图书营销中心调换

序言
PREFACE

人生最大的遗憾，莫过于遭遇突如其来的意外，来不及好好道别；人生最大的憋屈，莫过于遇到杠精，明知道他说的全是歪理，却无言以对！

如果你被杠精攻击过，那么下面的这些声音，你应该不会陌生——

你说："这个米的品质不太好，煮出来的粥不黏稠。"

他说："502黏，你怎么不吃呢？"

你说："她们在学校里孤立我，没有人跟我一起玩。"

他说："为什么她们偏偏孤立你，不孤立别人？肯定是你不会跟人相处！"

你说："结婚了就要和其他异性保持一定的距离。"

他说："那我不能跟别人说话了吗？"

你说："我昨天领养了一只流浪狗。"

他说："你这么有爱心怎么不去伺候孤寡老人？"

……

你还想说下去吗？怕是早已经被气得发抖，扔下一句"你说得都对"就拂袖离开，趁早结束这种令人恼怒又抓狂的"尬聊"！杠精不讨人喜欢，更令人恼怒的是，如果你跟他争辩，吵个脸红脖子粗，试图证明自己是对的，那么你也会在无形中变成和他一样的人，最后落入无休止互怼的深坑。

我相信，这不是你想要的结果，你也不会希望自己被无意义的争辩弄得颜面尽失。

无数的事实告诉我们，和杠精吵架是吵不赢的，他们的自我价值感源于证明"我是对的，你是错的"，而不是说明问题的实质。想要有理有据、不失体面地驳斥他们，逻辑学是必备的武器，唯有它能帮你看清诡辩的实质，戳穿杠精的"神逻辑"！

当你说"结婚了就要和其他异性保持一定的距离"时，杠精会回怼你"那我不能和别人说话了吗？"如果你不了解逻辑学，多半会顺着他的思路与之争辩，大费一番口舌。如果你了解逻辑学中的"稻草人谬误"，就会意识到，杠精为了反驳你的真实观点——"结婚后要认清自己的身份角色，和其他异性相处时要懂得避嫌"，故意树立了一个稻草人——"结婚后不能和其他异性说话"，以此曲解你的原意。

这就是杠精犯的逻辑谬误！事实上，你从来也没有说过"结婚后不能和其他异性说话"，无论杠精怼人的形式怎样变幻，其歪曲事实、误解语意的主旨都是破坏原有的逻辑，利用推理或论证过程中的逻辑谬误来歪曲论据、转移讨论的焦点，从而对他人进行言语或心理上的攻击。

我们在生活中难免会碰到这样的人，无论对方是无心之过，还是故意为之，稳准地揪出对方语言中的逻辑漏洞，好过带着恼怒的情绪争辩。当然，学习逻辑学不仅是为了应付杠精，免去不必要的情绪烦恼。更重要的是，它能让我们学会有条理地思考问题，有理有据地表达自己的观点，同时具备批判性思维，不轻易被他人说服和利用。

世界上的很多事情并不以我们的意志为转移，很多事物的本质和其表现出来的表象并不完全相同，在听到或看到一个观点和意见时，逻辑学会提醒我们追问：这件事是不是真的？有没有确凿的证据证明它是真的？多了这些追问，我们就不会轻易上当受骗，而是会借助清晰的思考，理性的分析，识别出语言陷阱，拆穿谎言，辨识谬误，发现事情的真相。

未来的人生路上，希望读者们能不再轻易被杠精激怒，不再轻易被他人的认知与评价扰乱内心，逃离思维陷阱，清晰而客观地思考，理性睿智地决定，掌控自己的人生！

目录
CONTENTS

辑一
气死人的"杠精" | 不讲理的是他,有理的还是他

1-1 遇到什么样的人,会让你气到发抖 _ 001

1-2 聊一聊诸子百家中的"杠精学派" _ 004

1-3 每一个杠精都是"神奇的哲学家" _ 008

1-4 你跟杠精讲道理,杠精会跟你讲什么 _ 012

1-5 为什么"杠精式提问"令人抓狂 _ 017

辑二
认清诡辩的本质 | 多少奇招迭出,旨在破坏逻辑

2-1 巫师是人类社会最早的知识分子 _ 023

2-2 你学习的是已经知道的东西,还是不知道的东西 _ 026

2-3 邋遢的人和干净的人哪一个会洗澡 _ 031

2-4 你是诡辩,我是谬误,咱俩不一样 _ 036

2-5 请把强词夺理的人,留在他的世界里 _ 039

2-6 没什么可犹豫的,1 + 1就是等于2_ 042

辑三
破斥杠精的神逻辑 ｜ 掌握逻辑规律，不失体面地反击

3-1　为什么逻辑学能让你体面地应对杠精 _ 047

3-2　人是猴子变的吗？人是人，猴子是猴子 _ 052

3-3　理发师该不该为自己理发呢 _ 057

3-4　鲍西娅的肖像藏在哪个匣子里 _ 062

3-5　和丑妻生了五个孩子，登徒子真是好色之徒 _ 067

3-6　黑格尔哲学怎么成了马克思主义的灵魂 _ 071

3-7　这明明是一匹马，您怎么说是鹿呢 _ 075

3-8　我又不想出国，没有必要学英语 _ 078

3-9　学生该不该付另一半的学费呢 _ 080

3-10　给懒惰的农民发两头牛，他们就会变勤奋吗 _ 084

3-11　喜欢归纳的火鸡：怎么就把我杀了呢 _ 089

3-12　什么是"正"，什么是"不正" _ 093

3-13　直呼母亲的名字，有什么过错呢 _ 096

3-14　雨点从几万米高空落下，怎么没砸死人 _ 101

3-15　我只是偷了点儿东西，又没有伤人啊 _ 107

3-16　你连死都不怕，还怕活着吗 _ 113

3-17　别那么担心，上前线作战的概率只有50%_ 119

3-18　购买日本货，就是不爱国吗 _ 123

3-19　结婚了，就不能和其他异性说话了吗 _ 126

3-20　说和劝说 _ 130

3-21 如果再给我一次机会，我一定…… _ 132

3-22 看来你注定就不是"吃这碗饭"的料 _ 133

3-23 您只要付全款的 10% 就可以了 _ 135

3-24 你现在还会殴打妻子和孩子吗 _ 138

3-25 可能存在简单的答案？别做梦 _ 139

3-26 抽外形纤细的烟，能让身材变纤细吗 _ 141

辑四
秒杀杠精的终结者 | 思考富有逻辑，表达无懈可击

4-1 听起来晦涩的逻辑思维，没有你想得那么难 _ 145

4-2 不断地追问"为什么"，直到问题没有意义 _ 151

4-3 群体的内聚力越强，越要当心群体思维 _ 155

4-4 当思维"卡住"的时候，不妨试试这样做 _ 158

4-5 怎样避免"说了半天，跟什么都没说一样" _ 163

4-6 向杠精发问：你如何知道它是真的，能证明吗 _ 167

4-7 任何时候都要记得多问一句：真的如此吗 _ 169

4-8 什么样的表达让杠精找不出"杠点" _ 173

4-9 适当利用数量符号，降低表达的抽象度 _ 177

4-10 当你的观点说服力较弱时，加入假设作为支撑 _ 180

4-11 学会"套用"杠精的话，让对方难以狡辩 _ 183

4-12 沟通出现分歧时，尝试用换位思考解决问题 _ 187

辑一 气死人的"杠精"
不讲理的是他，有理的还是他

▶ 1-1 遇到什么样的人，会让你气到发抖

生活中，你最讨厌和什么样的人打交道？

综合多数网友的留言，最后入选的两类人分别是——巨婴和杠精！

巨婴自不必说，干啥啥不行，甩锅第一名！遇到这样的人，不仅要做好对其全方位负责的准备，还要接受他随时可能会碎一地的"玻璃心"，以及明明什么都没干却满腹牢骚的负能量。如果巨婴的存在是一场灾难，让人感觉被拖后腿却又无可奈何，那么杠精的存在则是有过之而无不及，不夸张地说，只要杠精一开口，就足以把你气到发抖！

现代行为学鼻祖康·洛伦茨在《论侵犯性》中写道："人类的好斗性是一种真正的无意识本能。这种好斗性，也即侵犯性，有其自身的释放机制，与其他人类本能一样，会引起特殊的、极其强烈的快感。"杠精们似乎把这种本能发挥到了极致，给他一个"杠点"，他甚至能杠起地球。

大跌眼镜
杠精的"雄辩症"

某杠精患了"厚皮逻辑症"之后,经过手术削皮,看上去皮薄了一些,但这种方法治标不治本,没过多久皮就又长厚了。更麻烦的是,杠精在服用了"逻辑学"之后,又出现了新的症状。

一日,杠精又来到医院,刚好医院就诊的患者不多。

医生:"请坐!"

杠精:"为什么要坐?难道你要剥夺我不坐的权利吗?"

医生摇摇头,倒了一杯水给他:"请喝水。"

杠精:"不是所有的水都能喝,如果你在水里掺入氰化钾,就绝对不能喝。"

医生:"我这里并没有毒药,你放心。"

杠精:"谁说你放了毒药?难道我诬陷你下毒?难道检察院的起诉书上说你投毒?我没有说你放毒药,而你说我说你放了毒药,你这才是放了比毒药更毒的毒药!"

医生毫无办法,只好转换话题:"今天天气不错。"

杠精:"纯粹是胡说八道!你这里天气不错吗?即使是天气不错,并不等于全世界的天气都不错,比如北极就在刮寒风,漫漫长夜,冰山正在撞击……"

医生:"我说的是今天天气不错,说的是本地,大家都是这么理解的!"

杠精:"大家都理解的难道就是正确的吗?大家认为对的就

一定是对的吗……"

……

医生:"你走吧!"

杠精:"你无权命令我走!这里是医院,不是公安机关,你不可能逮捕我!"

"杠精看病"的原型是王蒙先生的小小说《雄辩症》,它充分诠释了杠精是怎样的一种存在。无论你说什么,他都能够迅速地找到一个"杠点",说得你无言反驳。你明知道他说的都是歪理,却不知道该怎么和他讲道理,他也不会给你机会这么做。只要你一开口,他又会摆出自己的一套"神逻辑"反驳你,气得你咬牙切齿,却又无可奈何!

笛卡尔说:"如果你想成为一个真正的真理寻求者,在你的一生中至少应该有一个时期,要对一切事物都尽量怀疑。"读到这样的名言警句时,有些杠精会感觉很得意,按照他们的神逻辑来诠释:我不是在"杠"谁,我也没有"雄辩症",我只是在"质疑"!

那么,杠精的"杠"和质疑精神一样吗?

答案是——大写的"NO"!

逻辑小课堂
杠精的"杠"VS 质疑精神

杠精的"杠"与科学精神中强调的质疑精神,与科学家、思想家的质疑精神,是有本质区别的。质疑是科学精神的基础,但科学里的质疑都是有前提条件的。

1. 科学工作者经受过严格的专业训练,不会胡乱地质疑,而是有针对性地对某一理论、某一观点提出异议。

2. 科学工作者有较强的质疑精神,同时也有较强的信任能力,能够坦然接受和信任许多东西,而不是一味地怀疑。

3. 质疑是科学工作者对待事物的开始与过程,而不是最终的目的,他们不是为了质疑而质疑,而是通过合理的质疑去探寻事物的真相。

科学工作者秉持质疑精神,为的是更深入地了解事物,提升自己的认知,最终找出真理,通常只是针对某一些事情而言;且科学的质疑有充足的理由,建立在实证和理性的基础上。反之,杠精的"杠"是没有任何实证的,通常都是无中生有、胡搅蛮缠、指鹿为马、肆意诋毁,与科学精神压根就不是一回事儿!

▶ 1-2 聊一聊诸子百家中的"杠精学派"

杠精,是今天才有的吗?当然不是,非要追源溯流的话,可以追溯到春秋战国时期。

大跌眼镜
史上最早的两个"杠精"

一日,庄子与惠子相约散步,不知不觉来到了濠梁观鱼。

庄子望着水里游来游去的鱼儿,不禁发出感叹:"鱼真快乐。"

惠子听后,凑过去假装看鱼,实则在窥视庄子,看他那副陶醉的样子,想要与之"杠一下"的冲动即刻出现,便说道:"你又不是鱼,怎么知道鱼快乐?"

庄子云淡风轻地回答:"你又不是我,怎么知道我不知道鱼快乐?"

惠子驳道:"我不是你,当然不知道你的心理;但你不是鱼,所以你也不知道鱼的快乐。"

换作一般人,到这一步时,难免会词穷。可惜,庄子不是一般人,他从容地把整件事情重复了一遍:"咱们从头说起,你问我'你不是鱼,怎么知道鱼快乐',这个问题说明,你先认同了我知道的这个事实,是在问我从哪里知道的,那么我告诉你——我在濠水桥上观鱼时知道的!"

人生在世,谁还没有几个朋友?即便是"杠精",有时也能找到趣味相投的"杠友"。惠子是《庄子》书中的常客,出场的次数很多,且每次出场几乎都是跟庄子辩论。虽然两个人身份地位悬殊,一个是道家的宗师,一个是名家的大腕;一个视名利如敝屣,一个汲汲于富贵,但这并不妨碍他们成为知己,尽管并不

是谁都能接受以"杠"的方式来沟通交流，还乐此不疲。

当然了，惠子与庄子的调侃斗嘴并不只是为了娱乐，他们在濠水桥上的争论看似是在辩论鱼，实则是在辩论唯心与唯物的问题。春秋战国时诸侯之间相互征伐，战乱不断，民不聊生；但这也是中国思想史上的爆炸式发展时代，百家争鸣，中国的哲学思想达到了前所未有的高度。

惠子本名惠施，是战国时期"名家学派"的创始人。他坚信"他者之心不可知"，所以人不可能知道鱼儿的心思。然而，庄子认为"可以通过外部观察知道'他者之心'"，他觉得鱼很快乐，是通过观察鱼儿游动的状态得出的结论。如果惠子否认"一个人可以通过外部观察，判断'他者'的心理活动"，那么庄子对于惠子而言，也是一个"他者"，惠子自然也就无法通过对庄子的外部观察，得知"庄子不知鱼之乐"。

瞧，大咖级别的"杠精"并不是为了抬杠而抬杠，也不是单纯地为了逗闷子、过嘴瘾而抬杠，"互怼"的背后隐藏着的是思想上的碰撞。可惜的是，不是所有的杠精都有思想诉求背景的支撑，虽然他们都会套用相似的神逻辑，可因为初衷不同，带给人的感受也就大相径庭。

逻辑小课堂
诸子百家中的"杠精"学派

"名家"是中国最早研究逻辑学的一个学派，门下出了很多杠精，除了杠过大家熟悉的"子非鱼"之外，还杠过"卵有毛""鸡三足""火不热""离坚白"等主题。

①卵有毛——"卵必须会孵化出禽鸟,禽鸟从卵中出来,那么它的羽毛就是从卵中出来的嘛!所以,卵是有毛的。"

②鸡三足——"一只鸡原本有两只足,左足和右足。但是,'鸡足'是一个独立的名词,实体的鸡足加上名词的鸡足,就等于'鸡三足'。"

③火不热——"'火'本是一个名词概念,没有温度,只是人觉得它热罢了。"

④离坚白——"眼睛看不见白色石头的坚硬,只能看见石头是白色的,因此'无坚';手摸不到石头的白颜色,只能感触到它的坚硬,因而'无白'。所以,'坚'和'白'是相互分离、各自独立存在的。"

读了这些"神奇的解说",真是让人忍俊不禁。不过,我们必须承认,这一派的"杠精"的确是中国最早的逻辑学家,名家学派与西方逻辑思想先驱亚里士多德差不多是同一时间诞生的。只不过,中国古代比较注重实际,儒家兴起后更是讲究以和为贵,在思想上崇尚"中庸"。作为中国古代逻辑学鼻祖的惠子,尚且还能在"他者之心不可知"的中心思想上打转,而名家后继者们提出来的许多议题和论证过程,基本上都是以转移话题的方式来抬杠,被人视为无理取闹、胡搅蛮缠。就这样,名家学派在诸子百家的竞争中逐渐被淘汰出局。

如果你要问,名家学派对后世产生了哪些影响,那么据说,只是据说，他们对中国的数学和天文有一点点的影响，剩下的就是为那些"明明不讲理却总是很有理"的杠精们指明了"抬杠方向"。

1-3 每一个杠精都是"神奇的哲学家"

在杠精的世界里，他们不管自己所说的话是否符合客观事实，也不管是否符合逻辑规律和规则，重要的是"我用我的神逻辑，顺利在口头上赢过你"。不得不说，在抬杠这件事情上，每一个杠精都堪称"神奇的哲学家"！

前面提到过，名家学派被后人调侃为诸子百家中的"杠精学派"。别看都是同一学派，内部也有"纷争"：一派是以惠施为代表的"合同异派"，另一派是以公孙龙为代表的"离坚白派"。

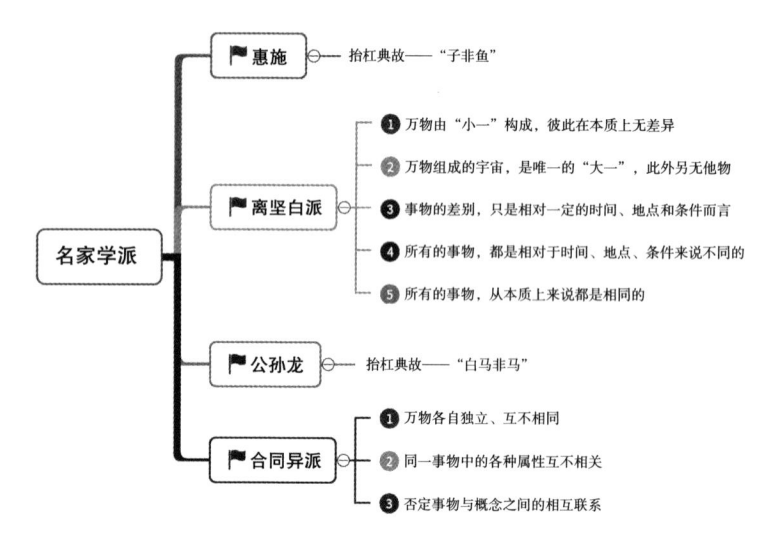

```
名家学派
├── 🚩 惠施 —— 抬杠典故——"子非鱼"
├── 🚩 离坚白派
│    ① 万物由"小一"构成，彼此在本质上无差异
│    ② 万物组成的宇宙，是唯一的"大一"，此外另无他物
│    ③ 事物的差别，只是相对一定的时间、地点和条件而言
│    ④ 所有的事物，都是相对于时间、地点、条件来说不同的
│    ⑤ 所有的事物，从本质上来说都是相同的
├── 🚩 公孙龙 —— 抬杠典故——"白马非马"
└── 🚩 合同异派
     ① 万物各自独立、互不相同
     ② 同一事物中的各种属性互不相关
     ③ 否定事物与概念之间的相互联系
```

不难看出，惠施与公孙龙的观点是对立的：惠施过分夸大了事物之间相同的部分，而公孙龙则过分夸大了事物之间不同的部分。从现在看来，这两种观点都走了极端，可为什么这两个观点在当时都属于名家的范畴呢？这就要从名家学派的研究对象说起了！

逻辑小课堂
名家学派的研究对象

名家学派，以"名"为研究对象，以辩论著称。在辩论的过程中，他们比较注重分析名词与概念的异同，重视"名"与"实"的辩证关系。所以，当时的"名家"，也称为"辩者"。在我们今天看来，这些中国最古老的"哲学家"，在当时就是"杠精"一样的存在。

大跌眼镜
"杠精"的老祖宗说："白马不是马！"

相传，赵国的马感染了瘟疫，导致赵国死了大量的战马。秦王担心赵国的瘟疫会传染到秦国，就下了一道命令：凡是赵国的马，均不允许进入秦国境内！

恰好这时，赵国的公孙龙受平阳君之令出使秦国。当他牵着一匹白马试图进入秦国的城门时，被守门的官吏拦了下来。官吏指着秦王颁布的法令说："人可以进城，马不可以。"

这时，公孙龙展示了他作为"杠精鼻祖"的超级技能——诡辩。

公孙龙说："白马不是马！你可以说黑马、白马、黄马都属于马这一系统，但如果单独说马，则不能说马就是白马，因为马只指明了这一形体，并没有指定颜色。如果我想要一匹马，你牵一匹黑马给我也行，牵一匹黄马也行。可如果我说，我想要一匹白马，那么你给我一匹黑马或黄马肯定是不行的。所以，白马和马并不是同一个概念，因此白马不是马。"

秦国的官吏听完公孙龙的诡辩后，无力反驳，只好任由他牵着白马走进了城门。

我们来扒一扒"杠精老祖宗"公孙龙的神逻辑：马这一名词，只命形而不命颜色；白马这一名词，既命形又命颜色。黑马和黄马都可以被称为马，但它们不能被称为白马，求证马和求证白马是不能划等号的。所以，白马不是马！

公孙龙的这一番论断，分别从名词解释、名词外部延伸、名词的个性与共性三个方面进行了论述，成功地把官吏"绕"了进去。据说，这件事情过后，公孙龙和他的"白马非马论"声名鹊起，不少学派的大咖们都来找他辩论，希望能打败他的歪理邪说。可惜，公孙龙巧口如簧，舌战群儒，屡屡用神逻辑将对手打败，守住了他作为"杠精鼻祖"的名号。

无论公孙龙的神逻辑和诡辩术曾让多少大儒无言以对，但我们都清楚地知道，白马就是马！而且，今天的我们与过去的大儒相比，还能够拿起逻辑学这一利器，明明白白地戳穿公孙龙的歪理，而不再停留在"明知道他说得不对，却又说不出哪儿不对"的尴尬境地。

逻辑小课堂
"白马非马"的谬误

关于"白马非马"这个命题，不能说它完全不正确，它的问题出在"非"这个逻辑连词存在歧义，而公孙龙的"杠点"恰恰就在这里。

从概念上来说，"白马非马"可以理解为"白马不是马"，因为"白马"和"马"是两个不同的名词，当然不能画等号。可是，从属性上来说，"白马非马"也可以理解为"白马不属于马"。杠精鼻祖公孙龙，以逻辑思维论证了第一种解释，让人不自觉地以第一种解释取代了第二种解释，所以众人听后，总感觉好像哪儿有问题，却又说不出所以然。

总而言之，公孙龙指出了"马"和"白马"的区别，就这一点而言，他的命题具有合理的因素。但是，他的论证否认"马"和"白马"的一般和个别、共性与个性的辩证关系，尤其是从根本上否认"白马"是"马"，这显然违背了客观实际，从而成为主观任意地玩弄概念的诡辩论。

逻辑推理游戏
消失的凶器

在女性专用的蒸汽浴室里,一个高级俱乐部的女服务员被杀。死者一丝不挂,腹部被刺中。据其伤口判断,凶器很可能是短刀一类的东西,但浴室内除了一个空暖水瓶以外,根本找不到其他看似凶器的工具。由于案发时还有另外一名女服务员同在浴室内,所以她被怀疑为凶手。可是,当时在门外的按摩师清楚地看到,此人一丝不挂地从浴室出来,没有带任何东西,且直到15分钟后尸体被发现时,再没有任何人出入浴室。

请你推测一下:凶手用的到底是什么凶器?凶器又藏在什么地方?

(答案:凶器是用冰块制成的锋利短刀,人的腹部很柔软,因此用冰做的短刀杀人是完全可能的。凶手为了不使冰融化,将其放入暖水瓶,再装入干冰带进浴室,趁对方不备时行刺。待尸体被发现时,由于浴室内有蒸汽,冰做的短刀和干冰已经全都化为乌有了。)

▶ 1-4 你跟杠精讲道理,杠精会跟你讲什么

生日那天,你给自己订了一张歌剧票,想来一场精神盛宴。

运气还不错,抢到了一个好位置,歌剧的内容你也很喜欢,唯一没有料到的就是,座位后面坐着两个频频私语的杠精。

你很生气,面色不悦地转过头对他们说:"我一句话都听不见了。"你以为,这样做就能让他们意识到自己的行为有失公共礼仪,不承想其中的一位杠精直接对你说:"你当然听不见,我们这是私人谈话。"

这样的场面是不是很熟悉?碰到了杠精,你想跟他讲道理,他却能巧妙地绕开你的道理,并摆出自己的一套歪理,那得意的架势犹如"公孙龙上线",让你心里暗叹:真是一张利嘴!

现在,我们就从逻辑学的角度讨论一下:你跟杠精讲道理时,杠精跟你谈的是什么。

大跌眼镜
"老师,我不认识孙中山!"

某中学的历史课堂上,老师提问一位学生:"你是怎样认识孙中山的?"

这位学生回答道:"老师,我不认识孙中山。"

全班同学听到这个答案后,哄堂大笑,老师只有一声叹息。

逻辑小课堂
词汇歧义

语义歧义,通常发生在句子中的术语有一个以上的含义,而不清楚表达者想表达的是哪一个含义的情况下。当多种含义是由于对该术语的不同定义造成的，这种语义歧义有时被称为词汇歧义——即在词典或字典中该术语可能有一种以上的定义方式。

老师所说的"认识"，是指对孙中山这个历史人物的评价和理解；而回答问题的那个同学所说的"认识"，是指日常生活中的交往。如果后者是因为没听明白问题才这样回答，他是犯了语义歧义的逻辑谬误；如果他是因为功课没学好而故意打马虎眼，那就是地地道道的杠精了。

很多时候，杠精会用语义歧义来曲解说话者的原意；有些时候，想要应对杠精或无理的挑剔者，也同样可以利用语义歧义，既不失体面，又能让对方意识到自己的问题。

美国评论家、作家多萝西·帕克，向来以刻薄的机智著称，说话风趣幽默。在一次晚宴上，有位客人做出了小丑般的滑稽行为，让帕克觉得很有意思。她旁边的同伴是一个受过高等教育的势利眼，对此不屑一顾地说："恐怕我不能加入这场闹剧，我无法消受傻瓜！"帕克听后，迅速地回应了一句："你母亲就可以。"

"消受"的英文单词是"bear"，有"忍受"和"生育"等多重词义。势利眼说"我无法忍受傻瓜"时，指的是"忍受"之意；而帕克说"你母亲可以"时，指的是"生育"之意，她悄然地讽刺了看不起人的势利眼，说"你的母亲可以生下傻瓜"。

大跌眼镜
是神谕错了，还是国王错了

据说，公元前6世纪时，吕底亚国王克洛伊索斯就是否进攻居鲁士和波斯人这一问题纠结了很久，迟迟无法作出决策。最后，他决定向德尔菲神庙的神谕求助。

神谕说："如果克洛伊索斯与居鲁士开战，他将摧毁一个强大的王国！"

听完神谕，克洛伊索斯悍然开战，不料却被居鲁士击溃。溃败之后，他痛苦地来到神谕面前诉苦，埋怨神谕给自己出了一个"馊主意"。

逻辑小课堂
指称歧义

语义歧义的产生有时不是因为一个术语有一个以上的定义，而是因为它有一个以上的所指——也就是说，有一个以上的东西可能会被同一个术语所指代。这种语义歧义，被称为指称歧义。

古希腊历史学家希罗德认为：克洛伊索斯不该抱怨神谕，他应该做的是派人去问神谕：您说的"王国"是吕底亚还是居鲁士？可惜，克洛伊索斯没这么做，他能责怪的只有自己。

大跌眼镜
"一张床上要有多少人才能有好的性生活?"

专栏作家杰克·史密斯在《基督徒夫妇》中读到了一句话:"我们发现……好的性爱不会自动发生。性的快乐和满足不仅是两个人睡在同一张床上。"对此,杰克·史密斯产生了困惑:"一张床上要有多少人才能有好的性生活?"

逻辑小课堂
句法歧义

当一个表达的术语之间有多个看似合理的语法关系,表达的意思不明确时,就会出现句法歧义。当存在句法上的歧义,且有可能从上下文中看出论证者的可能意图时,可以以一种没有歧义的方式改写不合规范的表达方式来消除歧义。

"不仅是两个人睡在同一张床上"这个短语是存在歧义的,作者到底是想说——"美好的性爱需要两个以上的人",还是"美好的性爱需要的比仅睡在一起更多"?结合上下文,或许作者这样表达更为合适:"性爱中的快乐和满足涉及的是两个人不仅是在同一张床上一起睡觉。"

现在你应该知道了,你跟杠精讲道理时,杠精会私自设置规则,改变游戏的玩法,刻意歪曲你的原意。所以,和杠精对话时,一定要听清楚他在讲什么,牢记他提到的概念,然后跟他明确是否是这个意思，并确定以后提到这个词时，也会是同样的意思。另外，说话通常都有明确的逻辑主语，倘若杠精口中的对象发生了偏移，一定要多加留意，这种情况下主语或指向对象可能正在被转移。此时，一定要跟杠精明确逻辑主语，在得到对方明确的答案以后，就得给杠精设置一个前提，限制概念使用的范围，这样就能防止杠精把话题扯偏。

▶ 1-5 为什么"杠精式提问"令人抓狂

里奥内尔·鲁比在《理智的艺术》中提到，辛德尼·史密斯曾经描述过两个女人从她们的窗户里伸出头来，在街道的两边互相争论的情境，他说道："她们永远不会达成一致，因为她们是在不同的前提下争论的。"

很多时候，你可能也感觉到了，和杠精沟通完全是"秀才遇到兵，有理说不清"。不仅如此，他们还可能会故意针对你的言论提出疑问，你迫不及待地作出解释，最后却发现自己被带入了一个圈套，你后来所解释的那些事，和你当初说的那件事，根本就是风马牛不相及。

大跌眼镜
"挂铃铛是为了什么？"

有个脑子不开窍的营丘人，平时很喜欢追着别人提问，可对别人的讲解，又不太能明白，经常会把人问得烦躁不已。

一天，营丘人问艾子："拉大车的骆驼，为什么脖子上要挂一个铃铛？"

艾子告诉他："大车和骆驼都是庞然大物，且经常在夜里赶路，怕狭路相逢，难以避让。所以，就挂个铃铛，在路上听到铃声，对方就能做好让路的准备。"

营丘人点点头，又问："高塔上挂铃铛，也是为了夜里行路相互避让吗？"

艾子说："你怎么不通事理？鸟雀们都喜欢在高处建巢，把鸟粪拉得到处都是，高塔上挂铃铛，是为了借风吹响，赶跑鸟雀，这跟骆驼挂铃铛不是一回事。"

营丘人挠挠头，继续问："老鹰的尾巴上也挂了铃铛，可没有鸟雀在老鹰的尾巴上搭建巢穴呀？这又怎么解释呢？"

艾子无奈地说："你这个人真奇怪，老鹰捕捉小动物，如果不小心飞进树林里，脚被树枝绊住，只要拍拍翅膀，铃声一响，主人就能循着声音找过去，这跟高塔挂铃铛防止鸟雀筑巢怎么能是一回事呢？"

营丘人好像明白了，说："以前我看过出丧，前面的挽郎唱着歌，摇着铃，那时候我不知道他为什么要这样做。现在我明白了，他是为了脚被树枝绊住时，能被人尽快地找到。"

艾子再也忍不住了，恼怒地说："那是给死人开路了！死人活着的时候，喜欢跟别人瞎争论，所以死后人们摇铃，是为了让他开心！"

这是苏轼在《艾子杂说》里讲过的一个故事，我们生活里遇到的杠精，就和故事里的营丘人差不多，唯一的区别可能就在于，营丘人是真的不知道，而杠精却是装糊涂。甭管有心还是无意，当他们摆出"杠精式提问"的杀手锏时，很多人都招架不住。

在上述的故事中，营丘人问了艾子好几个问题，主题都是"挂铃铛是为了什么"。可是，当艾子回答了一种挂铃铛的作用时，营丘人又无意识地认为后一种情境中挂的铃铛也是这个用途。实际上，他已经在不知不觉中转移了论题。

逻辑小课堂
转移论题

转移论题，也称离题、跑题、走题，是指在同一思维过程中，把一些相关或表面上相似的不同话题，当作相同的话题来使用，从而导致本来该讨论的话题得不到进一步讨论。

挂铃铛这件事，用在不同的对象上，用途是不一样的。营丘人不明事理，总是把后一种挂铃铛的作用跟前一种挂铃铛的作用理解为同样的，把不同的论题搅和在一起。如果他在得到第一个回答后，再转入第二个问题、第三个问题，这样的对话就符合逻辑了。

营丘人这样的情况，是属于典型的"不开窍"，但杠精们不一样，他们明知道情况是怎样的，却故意转移论题，是赤裸裸的诡辩。

大跌眼镜
"到底是谁不成材呢？"

明代有一位姓靳的内阁大学士，他的父亲不太出名，儿子也不太争气，但他的孙子却考中了进士。这位内阁大学士，经常责骂他的儿子，说他是不成材的东西，不知道上进。后来，儿子实在受够了他的责骂，就跟内阁大学士吵了起来。

当内阁大学士指责儿子不成器时，儿子说了一句："你的父亲不如我的父亲，你的儿子不如我的儿子，我有什么不成器的呢？"听完这句话，内阁大学士瞬间被逗笑了。自那以后，他就不再责骂儿子了。

我们都看得出来，内阁大学士要跟儿子辩论的是"儿子是否成材"的问题，但儿子却故意把这个论题转换成了"你的父亲和我的父亲相比，你的儿子和我的儿子相比，结果如何"的问题，恰好把原来要辩论的问题回避了。

面对"杠精式提问"时，老老实实地作答，往往会掉进杠精的陷阱。如果对方并无恶意，只是想跟你开个玩笑，倒也没什么大碍。怕就怕，一些人别有用心，故意想要把话题带偏，混淆视听。对于这样的情况，就要多加留意了。

逻辑推理游戏
谁有钱

在一个灾难之年，可怜的老父亲眼见着已经无米入炊，不得不求助于五个都已经成家立业的儿子。老父亲不知道哪个儿子有钱，但他知道，兄弟之间彼此都清楚底细，且有钱的都说谎，没钱的才说真话。

老大说："老三说过，我的四个兄弟中，只有一个有钱。"

老二说："老五说过，我的四个兄弟中，有两个有钱。"

老三说："老四说过，我们兄弟五个都没有钱。"

老四说："老大和老二都有钱。"

老五说："老三有钱，另外老大承认过他有钱。"

试问，几个儿子中，到底谁有钱？

（答案：老大、老四和老五有钱，说假话；老二和老三没钱，说真话。）

辑二 | 认清诡辩的本质 多少奇招迭出，旨在破坏逻辑

▶ 2-1 巫师是人类社会最早的知识分子

杠精之所以不讨喜，是因为他们不按正常套路出牌，你和他讲道理，他和你诡辩。

那么，诡辩是什么时候产生的呢？这还要从上古时代的巫师说起。

大跌眼镜

治水的大禹竟然是巫王

提到巫蛊之术，人们不免会想到两个字——"邪恶"。然而，在上古时期，巫术却是统治阶级的必需品，而巫师曾是最高的统治阶级。巫王合一的说法在学界已形成共识，著名学者陈家梦曾指出："三代以上以及三代时期，不管是从事管理的官吏还是普通行政官吏，都是从巫师中挑选的，政治领袖同时也是群巫之长。"

黄帝时期，有一个官职叫作"祝由"，这是上古时期最早的官方巫师职业；我们熟知的舜帝继承人大禹，因治水名垂千古，

他的身份不仅是君主，还是巫师之王。关于大禹的"巫王"身份，有诸多史料可以证实。

证据一：大禹是颛顼（黄帝之孙）的孙子，巫术是他们的家学，大禹没有理由不继承，这是上古时期通往仕途的通行证。

证据二：大禹出生在古羌族的"汶山"地区，这里巫师辈出，后世几乎所有的羌族巫师都以大禹为自己的祖先。

证据三：《尚书·舜典》中记载：舜帝"任大禹为司空平水土"，司空在当时是一个跟祭祀有关的职位，担任这个职位有一个重要的前提：此人必须是巫师。

证据四：孔子曾这样评价大禹？"……巡九州，通九道，陂九泽，度九山。为神主，为民父母。"意思是说：大禹是山川河流的众神之主，只有巫师才能"与神对话""与天地沟通"，普通人是无法管理众山神的。

证据五：江湖中流传着一种特定的请神姿态（想象一下跳大神的场景），人称"禹步"。这是大禹发明的，所以以他的名字来命名。据考古学家发现，我国广西西南地区的"花山岩画"中至今还保留着这种在巫师界盛行多年的"秘密法术"。

照此看来，大禹不仅是君主，也是巫王。

第一次听到"巫王合一"的说法，你可能会觉得不可思议，但仔细想想也在情理之中。

上古时期，人们几乎是没什么思想的，对没见过的一切事物都感到好奇、恐惧和无知。大自然是人类赖以生存的根本，由于没有足够的科学知识，人们难以理解大自然的变化无常，比如风、雨、雷电、彩虹、极光等，这些"匪夷所思"的事物让他们充分发挥了想象力，认为有神灵存在。所以，大到出兵打仗，小到婚丧嫁娶，都要事先"问问神灵"的意思。就这样，巫术与占卜应运而生。

要澄清的是，当时的巫师不是我们想象中那种"跳大神的人"，他们在部落中享有最高的社会地位，且是最高智慧的代表，也是道德模范的象征。古代的帝王想要维护自己的统治，往往会把自己说成是神或神的儿子，比如古埃及和印加帝王就说自己是"太阳神的儿子"，由此"赋予"自己与天地鬼神沟通的非凡能力。他们会通过跳舞、念咒、作法等行为方式，向神灵传达人们的愿望，如祭祀、驱邪、祈雨等。

《山海经》中记载，巫师具有"六巫"和"十巫"。随着社会的不断发展，巫师除了上述的技能之外，又增加了许多新的本领，可以说他们是人类社会最早的知识分子，承担着社会的全部文化功能。到了商代，随着王朝领域的扩大，王权世俗性事务不断增加，君主虽然仍是地位最高的主持国家宗教祭祀的大巫，但是日常的占卜、祭祀就只能由专门的巫师群体来负责了。

逻辑小课堂
巫师与诡辩的关系

在相当长的一段历史时期里，巫术支配着人们的灵魂。在有了阶级分化以后，巫师就成了统治阶级的"御用文人"。打仗

之前，巫师要在阵前跳大神、预测，烘烤龟甲和兽骨，以裂纹来判断吉凶，有的则直接用石头或锤子砸碎龟甲或兽骨，以此来判断吉凶。判断对了，可能会获得尊崇与奖赏；判断错了，可能会惹得君主大怒，遭到惩罚。当然，有时候，判断对了也可能会丢了性命。比如，一位大将整顿好人马，准备和敌人大干一场。结果，巫师预测之后说，这场仗可能会失败。那么，大将就可能会杀了巫师，说他妖言惑众，扰乱军心，以此来鼓舞士气。

对巫师来说，预测成了关乎性命的大事。在预测的时候 他们需要考虑：到底是服从预测的真实，还是服从君主要求的真实？毕竟，要是全都服从预测的真实，就可能违背君主的意志，从而丧命。另外，要是出现"不灵"的预测或判断，该怎么办呢？为了维护统治者，也为了保住自己的性命和地位，谎言和诡辩就成了巫师的"护身符"。

▶ 2-2 你学习的是已经知道的东西，还是不知道的东西

春秋战国时期，百家争鸣，各学派纷纷散发出思想的光芒。然而，这些光芒是鱼龙混杂的，泥沙俱下，有些思想里藏着点滴真理的影子，而有些言辞却是荒诞无稽的诡辩，比如公孙龙的"白马非马"，可叹为千古奇谈。

与中国先秦同时代的古希腊，同样也是思想智慧大放光彩

的时代。各种哲学思想轮番登场，探讨着世界如何形成的问题，探讨着人怎样认识世界的问题。在公元前5世纪中期，古希腊的哲学流派中，有一些专门"教授他人知识与美德的职业教师"，他们最早表示了对客观现实可以被认识的怀疑，他们自称"索非士"，也就是智者。

听到"智者"这个词语，我们往往会对拥有这个称谓的人充满钦佩。事实上，这个词语最初确实是指有一定知识或某方面能力的人，且受人尊敬。可是，在公元前5世纪末期，"智者"在西方却成了一个贬义词，是令人厌恶的对象，专指那些在论辩中抛弃常识、不择手段地制敌取胜，或压制戏弄对方，以逞其能的人。柏拉图将他们称为"批发和零售灵魂粮食的人"，亚里士多德则把智者的论辩称为"虚假或虚构的谬误"。

大跌眼镜

"你学习的是已经知道的东西，还是不知道的东西？"

苏格拉底带着一位青年到智者欧蒂姆斯那里去请教。为了显示自己的才能，欧蒂姆斯当场给了青年一个"下马威"，劈头提出一个问题："你学习的是已经知道的东西，还是不知道的东西？"青年回答说："学习的是不知道的东西。"话音刚落，智者就开始了一连串的追问。

智者："你认识字母吗？"

青年："认识。"

智者："所有的字母都认识吗？"

青年:"是的。"

智者:"教师教你的时候,不正是教你认识字母吗?"

青年:"是的。"

智者:"如果你认识字母,那么他教你的不就是你已经知道的东西吗?"

青年:"是的。"

智者:"那么,或者你并不在学,而是那些不认识字母的人在学吧?"

青年:"不,我也在学。"

智者:"那么,如果你认识字母,那就是在学你已经知道的东西了。"

青年:"是的。"

智者:"那么,你最初的回答就不对了。"

青年被智者欧蒂姆斯征服了,甘心拜他为师。

逻辑小课堂
语词和概念的混淆

概念是通过语词来表达的,但语词和概念并不是一一对应的,不同的语词可以表达同一个概念,同一个语词也可以表达不同的概念。人们在思考与辩论的过程中,必须注意语词和概念的这种区别和联系,如果故意误用这种区别和联系,加以割裂或夸大,就会造成语词或概念的混淆。

智者欧蒂姆斯就是利用同一语词所具有的各种不同含义（即表达的不同概念），在青年面前玩弄语词把戏、混淆是非，成功地把青年绕了进去。

"教师教你的时候"，这个复合词组所表示的时间概念，既可以指谈话时的"过去"，也可以指谈话时的"现在"，还可以指"未来"。

欧蒂姆斯向青年提问："教师教你的时候，不正是教你认识字母吗？"这里的"教你的时候"指的是"过去"，即表示"过去"这一时间概念。

欧蒂姆斯向青年提问："如果你认识字母，那么教师教你的不就是你已经知道的东西了吗？"这里的"教你的时候"（文中省略了）指的是"现在"或"未来"，即表示的是"现在"或"未来"的时间概念。

可惜啊，青年并没有觉察到这一点，还认为欧蒂姆斯讲得很有道理，甘心拜他为师。

像欧蒂姆斯这样的智者，来自四面八方，但大都集中在雅典，因为他们的"雄辩术"符合雅典的社会需要。当时没有实验之说，也不注重实践，完全靠语言争辩来判定是非。对智者派来说，"雄辩术"是最好用的利器，它可以说服法庭上的法官、议会的议员，以及社会中富有激情的普通青年。只要对方相信自己说的话，为自己鼓掌喝彩，那么说服就算成功了。至于是否符合客观事实，是否符合逻辑规律和规则，那都无关紧要。

大跌眼镜
"你的父亲是公狗,你是那条公狗的小狗的兄弟!"

狄奥尼修多尔:"那条公狗是它儿女的父亲,对吗?"

克季西普:"是的。"

狄奥尼修多尔:"那条公狗难道不是你的吗?"

克季西普:"当然,它是我的。"

狄奥尼修多尔:"既然是你的,而且是父亲,那么这条公狗就是你的父亲,你就是那些小狗的兄弟!"

逻辑小课堂
宾词

在"狗是父亲"和"狗是你的"这两个命题中,"狗"是主词,"父亲"和"你的"是宾词,宾词是表示思考对象的属性或联系的概念。

如果一个宾词与对象之间存在实质联系(即作为种或类),如"狗是动物"中,"狗"属于"动物";那么,另一个宾词(即"公狗是你的"中的"你的")即便仅仅表示有联系,那么它也可以作为宾词的宾词,和第一个宾词(动物)联结起来。

——这条公狗是你的。

——这条公狗是动物。

——所以,这条公狗是你的动物。

但是,只是表示跟对象有关系,而不能表示有实质关系的两个宾词，是不可以互为宾词的。狄奥尼修多尔在"杠"克季西普时，就是将"公狗"所具有的两个宾词——"你的"和"父亲"互为宾词联结起来了，所以他的"推论"完全就是胡扯。

无论是在东方还是在西方，诡辩盛行的年代几乎是在同一时期，那时候的诡辩，往往跟哲学的主观主义、相对主义、折衷主义、怀疑论等捆绑在一起。在今天的我们看来，他们当时提出的那些"怪论"都是有违常识的，违反了逻辑规律和规则，但在当时它们却还属于思想理论的范畴，并促进了逻辑学、语言学、辩证法的发展。在此之后，诡辩论才变成了彻头彻尾的诡辩术，成为一些商贩、捐客、算命先生等掩盖真相、骗取钱财、愚弄他人的工具。

我们之所以学习诡辩术，并不是为了去使用它，而是为了在生活中不被它所迷惑。正所谓："要消灭一个东西，就要先了解它。"

▶ 2-3 邋遢的人和干净的人哪一个会洗澡

杠精也好，"智者"也罢，无疑都是在玩弄诡辩的把戏。那么，诡辩有没有一个明确的定义呢？

大跌眼镜
洗澡的是邋遢的人，还是干净的人

一日，有几个学生向苏格拉底请教："什么叫诡辩？"

苏格拉底没有回答，而是反问道："有一个干净的人和一个邋遢的人，他们同时去拜访某人，某人烧了一大桶水请他们洗澡，你觉得他们之中谁会洗澡？"

学生说："肯定是那个邋遢的人。"

苏格拉底摇头否认："错，洗澡的是爱干净的人，邋遢的人正是因为不喜欢洗澡才会邋遢。"

学生点点头，认为老师说得有道理。这个时候，苏格拉底又摇摇头，说："不对，洗澡的是那个邋遢的人，因为他需要洗澡。"

学生有点儿糊涂，问："老师，究竟谁该洗澡？"

苏格拉底回答道："两个人都洗了！干净的人喜欢干净，所以会洗；邋遢的人需要洗澡，所以也会洗。"

学生恍然大悟："噢，原来都洗了。"

苏格拉底叹了口气，说："你又错了！两个都没有洗！因为干净的人不需要洗澡，邋遢的人不愿意洗澡！"

学生听不下去了，愤怒地指责道："我在问您什么是诡辩，您却一直在谈论谁会洗澡，他们洗不洗澡和我有什么关系呢？"

苏格拉底平静地说："你看，我不是已经告诉你诡辩是什么了吗？"

逻辑小课堂
诡辩的定义

苏格拉底没有用言语解释"诡辩",而是用对话的方式扮演了一回"杠精",让学生切切实实地体验到了"诡辩"。关于诡辩的实质,德国哲学家黑格尔给出了这样的定义:"诡辩这个词,通常意味着以任意的方式,凭借虚假的根据,或将一个真的道理否定了,弄得动摇了;或者将一个虚假的道理说得非常动听,就像真的一样。"

黑格尔对诡辩所作的定义,实际上涉及了诡辩论的三个要素,如下图所示:

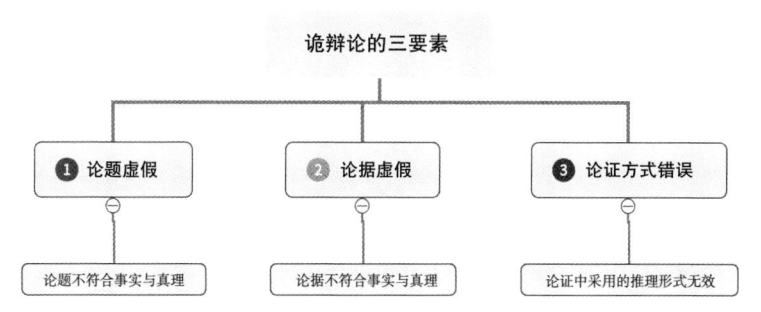

诡辩论的三要素

① 论题虚假 —— 论题不符合事实与真理

② 论据虚假 —— 论据不符合事实与真理

③ 论证方式错误 —— 论证中采用的推理形式无效

结合这三个要素,我们可以对诡辩重新进行一个界定:诡辩就是故意违反逻辑规律和规则的要求,为错误论点做辩护的各种似是而非的论证。简言之,就是以虚假的论据、诡诈的方式,故意颠倒是非、混淆黑白,为荒谬的观点做论证。

古希腊有不少著名的辩题,我们可以借此领略一下诡辩可以荒谬到什么程度。

大跌眼镜

长跑健将阿喀琉斯，永远也追不上乌龟

阿喀琉斯是古希腊奥运会中的一名长跑冠军，然而有一个人却说，这个长跑健将永远也追不上乌龟。提出这一荒谬说法的人，就是古希腊爱利亚学派的代表人物——芝诺。公元前5世纪的评论家普洛克罗斯曾说，芝诺一共推出了40个不同的悖论，"阿喀琉斯永远追不上乌龟"是现存的芝诺悖论中最著名的一个。那么，他是怎么得出这一悖论的呢？

假设，乌龟的起点是A，那么阿喀琉斯首先必须跑到A点；当阿喀琉斯跑到A点时，乌龟已经走到了B点，阿喀琉斯又必须跑到B点，而此时乌龟又已经跑到了B点前面的C点……依次类推，阿喀琉斯与乌龟的距离越来越近，但他永远在乌龟的后面，追不上它。

于是，芝诺就得出了这样一个结论：快跑者永远赶不上慢跑者，因为追赶者必须首先跑到被追者的出发点，而当它到达被追者的出发点，又有新的出发点在等着它，有无限个这样的出发点。

逻辑小课堂

芝诺悖论

这是一个很简单的物理范畴的、涉及相对运动的运动学问题，它甚至无关各个运动个体之间的具体运动速度数值和加速度问题，只涉及运动方向和位置。芝诺把运动假定为在空间中可以

无穷分割的点,承认了运动的间断性。但是,他没有认识到运动的物体是既在这个点上,又不在这个点上,而是不断前进的。运动着的物体,不可能达不到目的地而停留在无穷可分的1/2的点上。要看到运动的连续性。

大跌眼镜
"靠舌头过活的人"

公元前5世纪,希腊出现了一批专门收取学费以传授修辞、讲演术和论辩术的人,其中一些人对辩论表达方式的重视,远超过了对问题实质的重视,有的甚至到了不分是非黑白的地步。在诸多的智者中,高尔吉亚就是一位颇具代表性的人物。

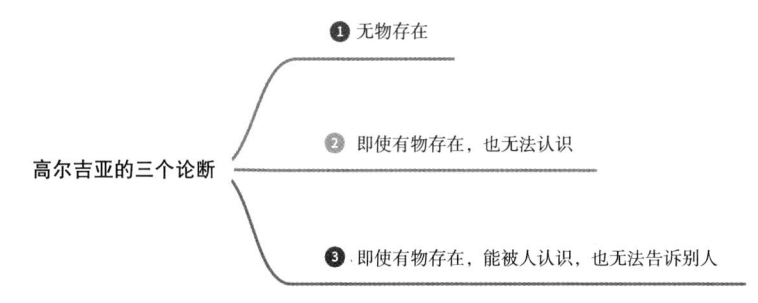

高尔吉亚的三个论断:
1. 无物存在
2. 即使有物存在,也无法认识
3. 即使有物存在,能被人认识,也无法告诉别人

高尔吉亚在论证这些命题时,利用了思维与存在的矛盾、思维与语言的矛盾、逻辑的矛盾来否认事物的存在,否认对存在的认识,否认思维反映、表述存在的直接现实性。为此,古希腊戏剧家阿里斯托芬讽刺高尔吉亚,称他是"靠舌头过活的人"。

读到这些"智者"们的论断,是不是觉得荒谬至极?其实,诡辩就是一个陷阱，诡辩者的目的是通过表达自己的思想，在听话者身上产生一定的影响："怎么说"衡量的是"我"的表达能力，"怎么理解"衡量的是"你"的理解能力。

▶ 2-4 你是诡辩，我是谬误，咱俩不一样

提到诡辩时，我们往往会想到另一个词——谬误。那么，它们是一回事吗？

逻辑小课堂
诡辩 VS 谬误

诡辩和谬误都是指，与真理相对或与客观事实不一致的认识，但这两者还是有区别的：诡辩是故意违反思维规律或思维规则而产生的各种逻辑错误，属于思维的陷阱；而谬误是不自觉地违反思维规律或思维规则而产生的各种逻辑错误。

亚里士多德说过："诡辩是一种'谬误的论证'。"也就是说，凡诡辩都是谬误。但是，如果一个人不是故意的，他只是缺少必要的逻辑基础或专业知识，在表述或议论中违反了逻辑规律或规则，我们就不能直接给对方扣上一顶诡辩的帽子，说他是"杠精"。

人与人之间的沟通交流，是在特定的时间、地点以及沟通双

方共同具有的知识基础上，通过语言完成的，这就是语言环境。但是，语言的表达有时是会产生歧义的，这也是造成误解的原因。要避免或消除误解，就需要通过语境来限制歧义。

逻辑小课堂
误解 VS 故意曲解

如果听话者对某句话的理解在无意间背离了原意，那是误解；如果听话者明明知道对方的意思，却故意歪解成另一个意思，造成概念或话题转移，达到出其不意的目的，就是故意曲解了。很多时候，故意曲解是一种诡辩技巧，把对自己不利的话语，歪解成对自己有利的意思。我们可以通过下面的两个案例对比一下误解和恶意曲解的差别。

大跌眼镜
"可是我手里没有苹果呀！"

妈妈试图借助生活实例给尼克讲解算术，她问："尼克，你现在手里有一个苹果，哥哥又给了你一个苹果。你手上一共有几个苹果？"

"可是我现在手里没有苹果呀！"尼克不解地说道。

"我是在打比方，假设你手里有苹果……"妈妈解释说。

"可是我手里真的没有苹果呀！"尼克还是不理解。

妈妈有些无奈，但还是耐着性子说："你现在手里有一个苹果,哥哥又给了你一个苹果……"

"哥哥根本就不会给我苹果!他还想问我要苹果呢!"尼克有点儿不高兴了!

妈妈尝试换一种说法:"你现在手里有一个苹果,哥哥手里也有一个苹果,现在你们两个人手上一共有几个苹果呢?"

"一个。"尼克说。

"那另一个苹果去哪儿了?"妈妈问。

"哥哥吃掉了!他一直都是这样的,上次的蜂蜜蛋糕……"尼克开始诉说委屈。

妈妈摇摇头,决定放弃讨论这个话题了,因为尼克完全没有理解她在说什么。

大跌眼镜
"上班可以吃东西吗?"

胡小懒在上班时间吃零食,刚好被部门经理抓个正着。经理瞪了胡小懒一眼,说道:"上班第一天就让你们看规章制度,工作时不准吃东西,你不知道吗?"

胡小懒笑嘻嘻地说:"经理,我看见了,但我吃东西的时候,没有工作。"

经理皱了皱眉头,说:"什么?你再说一遍。"

胡小懒解释说:"公司规定工作时不准吃东西,所以我没有工作的时候,当然可以吃东西了。您说是不是?"

经理长出了一口气,说:"赶紧干活去!就会耍贫嘴。"

当你在表达某些信息的时候,如果对方"答非所问",那么你需要甄别一下:是自己没有表达清楚,让对方产生了误解,还是对方有意回避一些关键问题,故意曲解。弄清楚状况之后,再有的放矢地解决,切不可把对方的误解当成"不可理喻",在对方诡辩时却费尽口舌地讲道理。

逻辑推理游戏
香槟要怎么分

桌子上放着7个满杯的香槟、7个半杯的香槟和7个空杯,现在要将这些香槟平均分给3个人,你认为应该怎么分?

(答案:把4个半杯的香槟,倒成2杯满香槟。这样的话,满杯的香槟就变成了9个,半杯的香槟有3个,空杯子有9个,3个人就能平均分了。)

▶ 2-5 请把强词夺理的人,留在他的世界里

亚里士多德说:"关于论证,就像别人的东西一样,有真正的论证,也有像赝品那样的东西。"这里说的赝品,就包括诡辩。诡辩这个东西,看起来像是在推理,其实不是真正的推理,

而是"真实与虚妄之间的一种相似"。

诡辩式的杠精，喜欢给自己的论证披上一件迷人的外衣，运用一点点知识来绕圈子。然而，还有一种杠精，连圈子都懒得绕，完全就是赤裸裸地上阵，直截了当地强辩！

逻辑小课堂
强辩的形式

强辩的花样有很多：依仗着自己有权有势，摆出一副"我说什么就是什么"的腔调；披上"权威"的外衣招摇撞骗；堆砌华丽的辞藻、组织大串的排比、喋喋不休地发表言论，实则说得跟论题没有任何关系；或者干脆什么理由都不给，就是重复和论题一样的结论。

大跌眼镜
"谁说湿木头不能盖房子？"

宋国的大夫高阳，向来喜欢强辩，强词夺理还一定要赢。

有一次，为了兴建一栋房子，高阳派人在自己的封邑内砍了一批木材。这批木材刚运到宅基地，他就找来木匠，催促他们赶快动工建房。

木匠望着地上横七竖八的木料，皱起了眉头：这些木料有些连枝杈都没有处理干净，上面还带着树皮；树皮脱落的地方，露出光泽、湿润的木芯；树干的断口处，还散发着树脂的清香味道。用这样的木料，怎么能马上动工建房子呢？

工匠把心中的顾虑告诉了高阳："我们现在还不能开工，这些刚刚砍伐的木材太湿了，质地柔韧，抹泥承重之后很容易变弯。用这种木料盖起来的房子，乍一看和用干木料盖的房子差不多，可时间长了，容易倒塌。"

高阳听了木匠的话，冷冷一笑，不以为然。他自作聪明地说："依照你的意思，不就是存在一个湿木头承重以后容易弯曲的问题吗？你有没有想过，湿木料干了会变硬，稀泥巴干了会变轻？等房屋盖好以后，过不了多久，木料和泥土都会变干。那时候的房屋，就成了用变干变硬的木料支撑着变轻的泥土，怎么可能倒塌呢？"

木匠只是根据自己过往的经验了解到，用湿木头盖的房屋容易倒塌，可要真让他说出个中道理，他也说不出来。高阳刚刚的那番道理讲得头头是道，木匠也无从辩驳，只好按照高阳的吩咐去办，克服对湿木头拉锯用斧、下凿推刨中的各种不便，按照既定的尺寸和规格搭好房屋的骨架。最后，抹上泥巴，完成了房屋的建造。

对于很快就住上了新房这件事，高阳很是得意，他认为这得益于自己用心智折服了工匠。可是，时间久了，高阳发现，这幢房屋越来越往一边倾斜，他原本惬意的心情也被担忧取代。由于害怕出事，高阳一家搬出了这幢房屋。不久之后，这幢房子就倒塌了。

大跌眼镜
"这是你的？你能叫得它答应你吗？"

阿Q翻墙进了尼姑庵的菜园偷萝卜，被老尼姑逮了个正着。

老尼姑质问阿Q："你怎么跳进园里来偷萝卜？"

阿Q反问道："我什么时候跳进你园里偷萝卜？"

老尼姑指着阿Q的衣兜说："现在……这不是吗？"

阿Q："这是你的？你能叫得它答应你吗？"

当一个人强词夺理的时候，你要明白一个事实，他跟你辩论的目的不是把你们论辩的话题辩明白，因为他根本不在乎事实是什么，他也知道自己说得不符合常理，完全就是胡搅蛮缠、厚颜抵赖。不涉及利益问题，话说一遍就够了；涉及利益问题，强词夺理也改变不了事实。

▶ 2-6 没什么可犹豫的，1 + 1 就是等于 2

"1 + 1 = ？"关于这个问题，罗素在《数学原理》中用了362页才推导出"1 + 1 = 2"。在他看来："数学可以被定位为一个我们永远不知道自己在谈论什么，也不知道自己所说的是否正确的学科。"

1 + 1 = 2，这是千古不变的真理。可是，如果你是一位哲学系的研究生，导师此刻在黑板上写下"1+1=？"时，你会不会直接写出答案"2"？还是会从"多一层"考虑：这是哲学系的课堂，这是一位哲学教授，他在哲学课上提出这个问题，是要引导我们去思考什么呢？

在什么情况下，1+1=虚无？

在什么情况下，1+1=力量？

在什么情况下，1+1=永恒？

在什么情况下，1+1=……

为什么在真理面前，我们不能或不敢"愚蠢"地想到"1+1=2"？

大跌眼镜
"你会服从权威去伤害无辜的人吗？"

1961年，耶鲁大学心理学助理教授斯坦利·米尔格拉姆做了一个"服从权威"的实验，证实人类有一种服从权威命令的天性，在某些情境下，他们会背叛自己一直以来遵守的道德规范，听从权威人士去伤害无辜的人。

米尔格拉姆告诉被试们，他的实验目的是研究惩罚对单词联想记忆的影响，而这种惩罚，便是对作为"学生"的人施加电击。他制作了一个极其逼真的电击装置，一共30个按钮，每个按钮都对应着不同程度的电压，最低15伏，最高450伏。

米尔格拉姆通过观察被试对学生最终施加的电击水平，来判定个体对权威的服从程度。当然，有一点大家绝对放心，这个电击装置其实形同虚设，按下任何一个等级的按钮都不会放出丝毫电流，唯一被蒙在鼓里的，只有被试一人。

起初任务很简单，但随着单词记忆数量的提升，"学生"的出错率也开始增加，被试者对他施加的电击强度也越来越强。到150伏时，"学生"会发出惨叫，如果被试者动摇，站在他旁边的权威就会命令他说："请继续。"到300伏以上，"学生"开始猛烈反抗，被试可能会犹豫地望向研究者，研究者则会更严肃地说："必须继续进行实验。"

你猜猜，在这种情况下，40名被试经历了内心的挣扎后，会做出怎样的选择？

结果对于所有人来说，都是颇具冲击力的，包括米尔格拉姆本人：所有人的选择都在255伏以上，这是猛烈电击的强度，而有26个人选择了把电压等级调到最高！这些被试中没有一个人是虐待狂，也没有人有人格缺陷和不良嗜好。但在这个实验中，他们却都选择了服从权威，没有例外！

你是不是从这个实验中嗅到了一丝恐怖的味道？服从权威，大概是人的天性之一，只要情景适宜，它就会被"激发"出来——天使和魔鬼有时只有一步之遥。生活中有很多事情，完全是在道德意识和坏的权威之间作抉择，这是对人性最大的考验。

诚然，质疑的人，特别是挑战权威理论的人，必然会遭到外界的反驳和回击，但我们需要思考一下：如果在追求真理的道路上，每个人都没有勇气和信念，也没有淡泊名利、甘愿为真理献身的精神,那么现代科学和一个又一个的奇迹,还会存在吗?

逻辑小课堂
批判性思维

什么是批判性思维?关于这一点,大多数教育者们有以下4点共识:

第一,鲁莽地得出结论或者不规范地、不假思索地任凭下意识作出决定都不是批判性思维;第二,批判性思维不会任凭各种诱惑的摆布;第三,批评性思维不会轻易受情感、贪欲、无关考虑、愚蠢偏见等的干扰;第四,批判性思维的目标在于,作出明智的决定,得出正确的结论。

逻辑小课堂
批判性思维的作用

批判性思维是对思维展开的思考,是针对自己或他人就特定情形得出结论的思考过程进行评估。批判性思维不一定能够告诉你,你是否应该养一只猫或你应该支持谁当大区经理。但是,针对这些问题,批判性思维的确可以帮你识别作出选择的理由。

批判是寻求真理的必要路径,批判带有正向积极的意义,不夹杂主观上的恶意,也不是毫无根据的否定,更不是打击某个人。批判的出发点是引发对方进行更深层的思考,从而采取正确的策略,朝着真理的方向更进一步。

也许,我们不是科学家或学者,但在面对诡辩和谬误的时候,我们也需要像他们一样,保持清醒的头脑,拥有正确的心态:只要对方故意违反逻辑,那就是诡辩,就要义不容辞地驳斥他!真理面前,没什么可犹豫和顾忌的,1+1就是等于2!

辑三　破斥杠精的神逻辑
掌握逻辑规律，不失体面地反击

▶ 3-1　为什么逻辑学能让你体面地应对杠精

在网上浏览社会新闻时，你一定会发现每条高流量新闻的评论区里，都漂浮着大量的"键盘侠"，他们的言论真是"一句话噎死人"。偶尔，会有"路见不平"者，试图反驳一下杠精，没想到更是激发了对方的斗争欲……结果，你一条我一条，甚至发私信争吵，杠精的目的是"我一定要赢"，"路见不平者"在反驳杠精的路上，不知不觉也被变成了"杠精"！

类似的情况，现实生活中也不少见，甚至你的周围就有这样的人。

邻居家通宵达旦地打麻将，吵吵嚷嚷，你实在忍不住，就上门讨个说法："现在都半夜了，你们家的声音太大了，影响别人休息！"邻居不屑一顾，回你一句："影响别人，又没影响你！"

你一听，气不打一处来，回道："怎么不影响，我就住楼上，被你们吵得睡不了觉！"

你以为，自己的这番道理能让杠精邻居意识到问题所在。可惜，对方还有下文等着你："你能让你们家孩子夜里不哭吗？吵得人睡不了觉！对，你们家厕所的水管流水声太大了，你们能不能冲水的时候不出声？"

顺着对方的话再接下去，一场口舌大战就会上演。你原本只是想提醒一下不讲理的杠精，让他收敛自己的言行，结果却被杠精拉下水，被恼怒的情绪冲昏了头。面对这种思维的陷阱、语言的诈骗，靠尖牙利齿是无用的，因为不讲理的人总是比你更有理，我们要做的是保持清醒的头脑、正确的心态，以及敏锐的洞察力，拿起逻辑学的武器，体面地破斥杠精的神逻辑！

逻辑小课堂
逻辑学

逻辑一词，源于古希腊的"逻各斯"，是人的思维活动的规律与规则。简单来说，就是对思维过程涉及的条件和假设，原因和结果，概念、判断和推理等要素之间的联系进行整理和表述。

清晰的逻辑，可以让我们从一个或几个准确的点开始思考问题，然后逐步由点成线、由线成面，找到问题的核心与关键，让问题迎刃而解。如果是不清晰的逻辑，就会产生歧义。杠精们的神逻辑，就是违反了逻辑思维的基本规律和规则，所以要破斥这些诡辩，揪出其中的逻辑谬误比争辩更有效，也更体面。

逻辑小课堂
思维

思维,是人类认识世界的高级形式,是认识的理性阶段。当人类认识发展到一定阶段时,人们发现只有符合逻辑规律和规则的思维,才能科学地认识世界。换言之,只有把思维作为认识对象时,逻辑学才能产生。

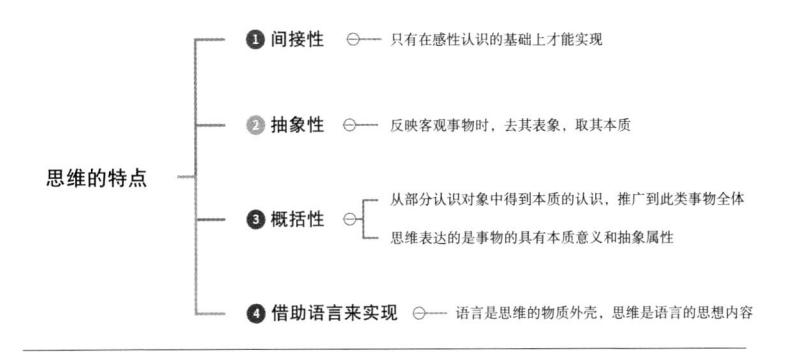

思维的特点
- ❶ 间接性 —— 只有在感性认识的基础上才能实现
- ❷ 抽象性 —— 反映客观事物时,去其表象,取其本质
- ❸ 概括性 —— 从部分认识对象中得到本质的认识,推广到此类事物全体;思维表达的是事物的具有本质意义和抽象属性
- ❹ 借助语言来实现 —— 语言是思维的物质外壳,思维是语言的思想内容

逻辑小课堂
思维的形式

任何事物都是形式与内容的统一,思维也不例外。思维内容就是反映到人们思维中的客观对象,思维形式就是指反映客观对象及其属性的不同方式,即表达思维内容的不同方式。从逻辑学角度来说,抽象思维的三种基本形式是概念、判断和推理。

思维的形式

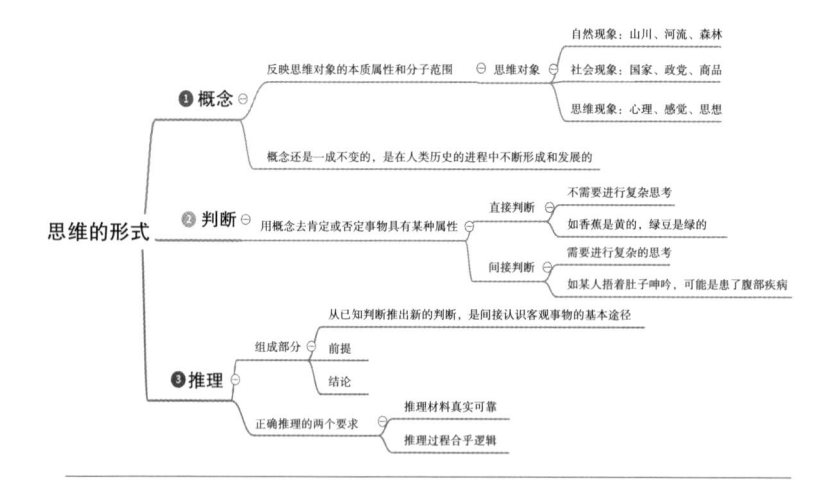

- **❶ 概念** ⊖
  - 反映思维对象的本质属性和分子范围 ⊖ 思维对象 ⊖
    - 自然现象：山川、河流、森林
    - 社会现象：国家、政党、商品
    - 思维现象：心理、感觉、思想
  - 概念还是一成不变的，是在人类历史的进程中不断形成和发展的

- **❷ 判断**
  - 用概念去肯定或否定事物具有某种属性
    - 直接判断
      - 不需要进行复杂思考
      - 如香蕉是黄的，绿豆是绿的
    - 间接判断
      - 需要进行复杂的思考
      - 如某人捂着肚子呻吟，可能是患了腹部疾病

- **❸ 推理**
  - 从已知判断推出新的判断，是间接认识客观事物的基本途径
  - 组成部分
    - 前提
    - 结论
  - 正确推理的两个要求
    - 推理材料真实可靠
    - 推理过程合乎逻辑

逻辑小课堂
思维形式的规律

思维形式的规律，是指思维内容的一般结构的规律，即用概念组成判断和用判断组成推理的规律。思维形式的规律有四个，它们分别有不同的基本内容和逻辑要求。

思维规律的基本内容，体现了思维规律本身的客观性、必然性，它不以人的意志为转移，无论人们愿意与否，在人们进行思维的过程中，它总会发挥作用；而思维规律的要求，人们可以遵守它，也可以违反它。简而言之，符合要求、遵守规律的思维，才是正确的思维；不符合要求、不遵守规律的思维，就是错误的思维，其中就包括诡辩。

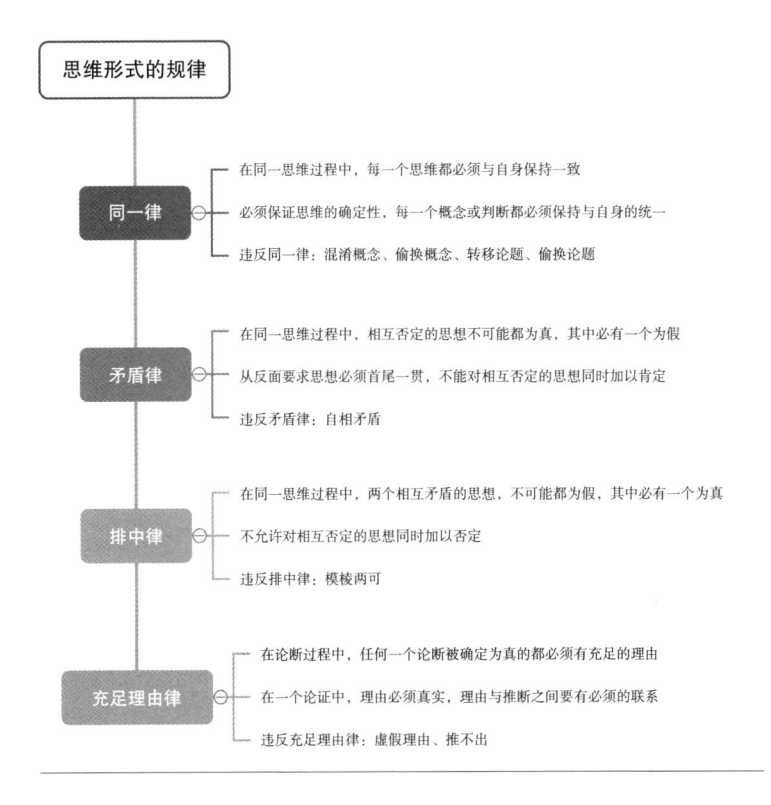

```
思维形式的规律
├── 同一律
│   ├── 在同一思维过程中,每一个思维都必须与自身保持一致
│   ├── 必须保证思维的确定性,每一个概念或判断必须保持与自身的统一
│   └── 违反同一律:混淆概念、偷换概念、转移论题、偷换论题
├── 矛盾律
│   ├── 在同一思维过程中,相互否定的思想不可能都为真,其中必有一个为假
│   ├── 从反面要求思想必须首尾一贯,不能对相互否定的思想同时加以肯定
│   └── 违反矛盾律:自相矛盾
├── 排中律
│   ├── 在同一思维过程中,两个相互矛盾的思想,不可能都为假,其中必有一个为真
│   ├── 不允许对相互否定的思想同时加以否定
│   └── 违反排中律:模棱两可
└── 充足理由律
    ├── 在论断过程中,任何一个论断被确定为真的都必须有充足的理由
    ├── 在一个论证中,理由必须真实,理由与推断之间要有必须的联系
    └── 违反充足理由律:虚假理由、推不出
```

逻辑小课堂
思维规律的特点

思维规律有两个特点:第一,强制性,任何正确的思维过程都必须遵守规律;第二,规范性,凡是符合思维规律的思维过程就是正确的,反之则是错误的。

我们之所以要学习和掌握逻辑学,最主要的原因在于:即使没有系统学习逻辑学,我们也在使用逻辑,只是这种"使用"

更多的是依赖现实生活中从小到大积累的"逻辑感觉"。所以，这种"使用"有时是正确的，有时是错误的；对于思维规律、规则，我们有时会遵守，有时也会违反。

当我们将思维形式和思维规律从不同的具体思维内容中抽取出来，让它暂时脱离思维内容，并对其进行专门学习，就能够分清正确的思维和错误的思维，更好地识别、反驳错误的认识或诡辩，将"自发的逻辑感觉"培养成"自觉的逻辑意识"，并通过"刻意的逻辑训练"，养成时刻用逻辑思考的习惯，这是能让我们受益终身的逻辑思维素质。

▶ 3-2 人是猴子变的吗？人是人，猴子是猴子

如果我说"人是人，猴子是猴子"，不会有人产生异议，只会有人说："这是废话，难不成人是猴子，猴子是人？"这是很简单的道理，甚至无须动脑就能知晓，但在19世纪，却有不少人因为这个问题争论不休。

大跌眼镜
人是猴子变的吗

在19世纪中期，许多科学家的思想还建立在"创世论"的基础上，认为万物自神创世的时候就已经存在了。直到1859年，达尔文撰写的《物种起源》问世，才对人们原有的思想认知提出了颠覆性

的挑战。达尔文提出了"物竞天择，适者生存"的观点，认为人是因为自然选择而不断进化，最后才逐渐成为现在的"人"。

"进化论"与"神创论"的观点大相径庭，各方支持者为此进行激烈的争论就成了在所难免之事。1860年，支持达尔文"进化论"的英国动物学家托马斯·亨利·赫胥黎与支持"神创论"的牛津主教穆尔·威尔福伯斯，在牛津大不列颠学会上进行了激烈的辩论。

辩论现场，威尔福伯斯进行了长篇的演说，他的演说暴露了他对达尔文学说的无知。最后，大主教干脆撇开科学的论据，施展浅薄无聊的人身攻击："坐在我旁边的赫胥黎教授，你说你是从猴子变成人类的，那你的祖父祖母是从哪儿来的呢？"

听完大主教的演说，赫胥黎站了起来，他沉着、冷静、坚定、严峻地宣称："达尔文学说是对自然史现象的一个解释，他的书中有大量可以证明生物进化的事实，没有别的学说比达尔文的解释更合理了。要说我起源于弯腰走路和智力不发达的可怜的动物，我并不觉得羞耻；要我说起源于那些自称才华横溢、社会地位很高，却胡乱干涉自己茫然无知的事物，任意抹煞真理的人，那才是真的可耻！"赫胥黎的话，震撼了全场，让威尔福伯斯大主教哑口无言。

逻辑小课堂
同一律

威尔福伯斯的言论，违反了逻辑学中的"同一律"。同一律，是指同一思维过程中，必须在同一意义上使用概念和判断，不能在不同意义上使用概念和判断。简单来说，事物只能是其本身——人是人，猴子是猴子。人是由古猿人进化来的，而不是由另一个物种——猴子变化而来的。

根据逻辑学的基本原理，概念是认知基础，任何命题所表述的概念，其"内涵"和"外延"都必须是确定的，也就是要符合"同一律"。在讨论中随意更换、扩张或缩小概念内涵和外延的区域值，极有可能会出现鸡同鸭讲的局面，而诡辩者也经常会利用这一逻辑谬误。

逻辑小课堂
偷换概念

偷换概念，是指在同一思维过程中，中途改变一个概念的内涵或外延，对一些看起来一样的概念进行偷换，把一个事物的原意用狡辩的手法换成另外一种看起来也可以成立的解释，把假的变成真的，以此来转移他人的注意力，以达到某种目的。

在"进化论的争论"中，威尔福伯斯偷换了"进化"和"变化"两个概念。在这一概念中，虽然"进化"属于"变化"，但两个概念的内涵和外延是不一样的。"进化"属于"变化"的一种,但不代表"进化"等于"变化";"进化"的概念外延包含于"变化"之中,所以"进化"是"变化"的种概念。威尔福伯斯在辩论中,把"进化"和"变化"混为一谈,故而推断出了"人是猴子变成的"这一荒谬的结论。

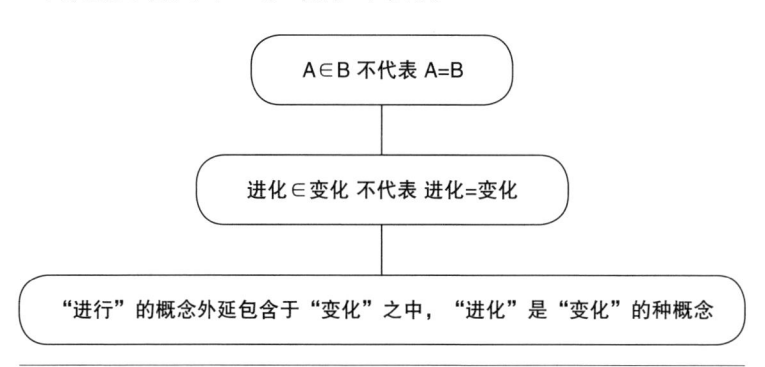

```
A∈B 不代表 A=B
    ↓
进化∈变化 不代表 进化=变化
    ↓
"进行"的概念外延包含于"变化"之中,"进化"是"变化"的种概念
```

逻辑小课堂
模糊概念

在思维过程中,人们所提及的概念都应当有准确的范围和含义,概念之间也要有确切的关系。所谓模糊概念,就是指对象性质、范围和相互关系不确定、不明朗的现象。

大跌眼镜
"你说的千里马,不就是蛤蟆吗"

春秋时代有个相马之人叫孙伯,由于他相马很厉害,大家都叫他伯乐。相传,伯乐有了儿子之后,很想把自己相马的本领传承下去，为此每天潜心教导儿子。很快，儿子长大了，伯乐认为儿子可以出师了，就让他去寻找千里马。

临行前，儿子问了伯乐一句："到底什么是千里马呢？"

伯乐笑答："脊骨弯曲，额头隆起，眼睛突出，善叫会跳。"

儿子牢记这16个字，背着行囊出发了。一年过去了，伯乐的儿子访问了许多名胜古迹，却始终没有寻到父亲说的千里马。一个夏日的夜晚，因为走得太累了，又没有地方能住宿，伯乐的儿子就在临近的池塘边休息。荷塘边传出蛤蟆的叫声，伯乐的儿子定睛一看，喜出望外："简直就是，踏破铁鞋无觅处，得来全不费工夫！"然后，他就捧起了一只蛤蟆，踏上回乡之路。

到家后，儿子急忙把蛤蟆拿到伯乐面前："父亲您看，这就是我找到的千里马，它完全符合您说的——脊骨弯曲，额头隆起，眼睛突出，善叫会跳。"伯乐见此情景，哭笑不得。

伯乐的儿子会把蛤蟆当成千里马，跟伯乐的表述有直接关系。他没有准确地描述"千里马"的范围，只是强调了"千里马"的外形和特点。在没有充分了解概念的情况下，伯乐的儿子就犯了模糊概念的错误。

逻辑小课堂
混淆概念

所谓混淆概念，就是指在同一逻辑思维过程中，把不同的概念当成同一概念来使用，或将一些表面相似的不同概念当成同一概念来使用。

大跌眼镜
"新裤子变成了旧裤子！"

《韩非子》中有一则关于"卜子之妻"的故事：

郑县人卜子让妻子给他做裤子，妻子问他："现在你要做的裤子是什么样的？"

卜子说："像我（穿）的裤子。"

结果，妻子毁了新裤子，把它改成了旧裤子。

对于比较接近的事物和现象的概念，我们在其内涵和外延上存在辨别障碍，因而很容易被迷惑。想避免概念混淆，就要准确把握所使用概念的内涵与外延，注意对同音异义和近义词的区分和辨别。只有严格区分易混淆的概念，并结合真实的情境和语境，才能避免被忽悠。

▶ 3-3 理发师该不该为自己理发呢

1901年，罗素提出了一个"理发师悖论"，也称"罗素悖论"。

大跌眼镜
理发师该不该为自己理发呢

某城市里有一位理发师,为了招揽生意,他想到了一个主意,在理发店门外的墙上挂一幅宣传海报,上面写着:"本人理发技艺高超,誉满全城。我将为本城所有不给自己理发的人理发,我也只给这些人理发。真诚地欢迎各位朋友到店享受我的理发服务。"

这一招很奏效,理发师的门店经常坐满了等候理发的客人。有一天,理发师无意间在镜子中瞥见自己的头发长了,他本能地拿起剪子,准备给自己理发。这时候,他忽然想起自己的"宣言",拿着剪刀的手就愣在了空中。

如果他给自己理发,那他就成了"给自己理发的人",这样的话,他就不应该给自己理发;如果他不给自己理发,那他就属于"不给自己理发的人",这样的话,他就应该为自己理发。

逻辑小课堂
罗素悖论

所谓悖论,就是指逻辑上可以推导出相互矛盾的结论,但表面上又可以自圆其说的命题或理论体系。罗素悖论是一个集合论悖论,它的基本思想是:对于任意一个集合A,A要么是自身的元素,要么不是自身的元素。

悖论是一种特殊的逻辑矛盾,它在逻辑上可以推导出相互矛盾的结论。比如，由一个命题的真可以推论出它的假，或者由一个命题的假可以推论出它的真。正因为逻辑悖论断定了一个推论既是真的又是假的，所以违背了逻辑学中的矛盾律！一旦这个悖论存在或被人提及，也会因为这个问题本身成为这个悖论的矛盾所在，导致人们无法找到解决这一问题的答案。

逻辑小课堂
矛盾律

矛盾律，也称"不矛盾律"。在传统逻辑学中，矛盾律首先是作为一种事物规律被提出来的，意为任一事物不能同时既具有某属性又不具有某种属性。这一逻辑原理要求，在同一思维过程中，对同一对象不能同时作出两个矛盾的判断，不能既肯定它又否定它。用逻辑学的专业术语来说，就是两个互相否定的观点，不可能都为真，其中定有一个为假。

大跌眼镜
"所有的科莱特人都是说谎者！"

古希腊诗人艾普蒙尼迪斯，曾经提出过一个广为流传的悖论："所有的科莱特人都是说谎者。"

为什么说这句话是一个悖论呢？因为艾普蒙尼迪斯本人，就是一个科莱特人！那么，他说的这句话，到底是真还是假呢？如果诚实的人是指从来不说谎话的人，那么诚实者始终说真话，说谎者始终说谎言。照此推理，艾普蒙尼迪斯说的"所有的科莱特人都是说谎者"，这个结论在逻辑上就是自相矛盾的，也是错的。

如果这句话是真的，那么艾普蒙尼迪斯作为一个科莱特人，他讲了真话，这显然与命题是不符的；如果这句话是假的，即科莱特人并非都是说谎者，那这与命题显然也不符。所以，无论怎么推理，都是自相矛盾的，都逃不出悖论的怪圈。

认识了悖论与矛盾律之后，我们还需要了解一下现实生活中的一些违反矛盾律的诡辩。

逻辑小课堂
自相矛盾

两个相互否定的观点，不可能都对，其中必有一个是假的。比如，"什么都能扎透的矛"与"什么也扎不透的盾"是无法同时存在于世上的，这就是典型的自相矛盾。如果有谁用两个相互矛盾或反对的概念去表示同一对象，那就违反了矛盾律。

逻辑小课堂
含混不清

郑国有个富人过河淹死了，有人把尸体打捞上来并妥善保管。死者家属得知后前来赎尸，捞尸人得知是富贵人家，索价甚高。死者家属向邓析求助，邓析说："不用急，也不给高价，他留着尸体也没用。"死者家属不急了,捞尸人急了,再放几天尸体就腐烂了,无奈也去求教邓析。邓析说:"不用急,也不必降价,反正别的尸体也无法替代。"

这里的"不用急"和"急"是相互矛盾的,邓析含糊其辞,违反了不矛盾律,陷入了"以非为是,以是为非,是非无度"的相对主义诡辩论。

逻辑小课堂
前后不一

古时候有个卖宝剑的人,特别能吹嘘:"白锡可使宝剑坚硬,黄铜可使宝剑柔韧,我这宝剑黄白相掺,既坚硬又柔韧!"有人反驳说:"柔韧容易卷曲,坚硬容易折断。"卖宝剑的人瞬间改口,说:"白锡可使宝剑不柔韧,黄铜可使宝剑不坚硬,我这宝剑黄白相掺,既不坚硬也不柔韧,既不容易卷曲也不容易折断。"这就是对同一事物的判断前后不一,"自己打自己的脸。"

总而言之,在同一思维过程中,如果互相矛盾或互相反对的思想同时为真,或者说在同一时间和同一关系的前提下,对同一对象做相互矛盾的判断,属于违反矛盾律。

逻辑推理游戏
打碎的水晶

这是维拉纳德伯爵在几个世纪之前留下的遗嘱，内容十分生动：

"致我亲爱的家人，他们为此已经等待了很长时间，现将以下东西留给后人——一个人对什么爱得胜过自己的生命，而恨得却胜过死亡或者致命的斗争。这个东西可以满足人的欲望，它是穷人所有的，却是富人所求的，它是守财奴所想花费的，却是挥霍者所保留的。然而，所有人都要把它带进自己的坟墓。"

你能从中推断出，维拉纳德伯爵想要给自己的后人留下什么东西吗？

（答案：他留给后人的是"一无所有"。）

▶ 3-4 鲍西娅的肖像藏在哪个匣子里

假设两个人由于经济上的问题吵了起来，最后导致其中一人受伤被送至医院。在给"伤人"这件事情定性时，通常要判断伤人者到底是"故意"还是"过失"，我们绝对不可能听到"既非故意也非过失"的说辞，这违反了逻辑学的排中律。

逻辑小课堂
排中律

排中律既是事物的规律,也是思维的规律,通常被表述为"A是B,或A不是B"。

任何一种事物在同一时间里,一定会具有某一属性,或者不具有某种属性,必须满足二者之一,绝不会有其他可能。一个判断或反映事物的本质,或者不反映事物的这种本质,二者必有其一,没有其他可能。对于相互矛盾的两个命题,对它的判断也要做出排他的选择,要么为真,要么为假,不允许同时肯定或同时否定。

大跌眼镜
鲍西娅的肖像藏在哪个匣子里

生活在贝尔蒙特城的鲍西娅,是一个年轻漂亮的姑娘,她家境殷实,才华横溢,有不少人慕名来求婚。不过,鲍西娅的父亲在临终前立下过一个遗嘱,要求"猜匣为婚",不然的话,她就无法得到遗产的继承权。

她的父亲准备了一个金匣子、一个银匣子,还有一个铅匣子,其中只有一个匣子里装着鲍西娅的照片。金匣子上面刻着"肖像不在此匣中";银匣子上刻着"肖像在金匣子中";铅匣子上刻着"肖像不在此匣中";且遗言中说:"这三句话中只有一句话为真。"

鲍西娅的父亲还留下遗言，如果谁能根据上述的三句话，准确猜中了哪个匣子里装着鲍西娅的肖像，那他就可以迎娶鲍西娅。除此之外，求婚者在猜之前，还要答应两个条件：第一，必须宣誓，如果没有猜中，绝不告诉其他人，自己猜的是哪一个匣子；第二，必须宣誓，如果猜不中，将永远不得娶妻。

很多人看到这样的条件，担心自己猜不准，而将付出巨大代价，就都退缩了。只有一些真心喜欢鲍西娅的小伙子，选择了留下来。很可惜，他们中没有一个人猜对。最后，有一位威尼斯的青年来到这里，他深深地喜欢上了鲍西娅。这个聪明又自信的年轻人，思考了一番之后，对鲍西娅说："肖像在铅匣子里。"鲍西娅非常惊讶，打开了铅匣子，肖像果然在里面。

鲍西娅被青年的智慧折服了，两人决定结婚。她好奇地问青年："你是怎么猜到的？"

青年笑着说："我是推理出来的。金匣子和银匣子上的话相互矛盾，那么必然有一句是真的，而三句话中有一句为真，那么真话在这两个匣子上，而铅匣子上的话肯定就是假的。铅匣子上说'肖像不在此匣中'，就说明肖像一定在此匣子中。"

其实，青年所用的推理方式，就是逻辑思维中的"排中律"。现在，我们就来看看，在"鲍西娅的肖像藏在哪个匣子里"这一命题中，他是如何用排中律来推理的。

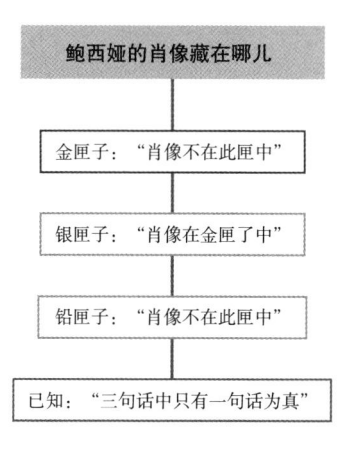

```
鲍西娅的肖像藏在哪儿
    │
金匣子："肖像不在此匣中"
    │
银匣子："肖像在金匣子中"
    │
铅匣子："肖像不在此匣中"
    │
已知："三句话中只有一句话为真"
```

假设肖像藏在金匣子里，那么金匣子上的话，肯定就是假的，银匣子上的话就是真的。如果是这样的话，那么铅匣子上的话也是真的。然而，鲍西娅的父亲已经告知，"这三句话中只有一句为真"，这就跟推论结果相矛盾。

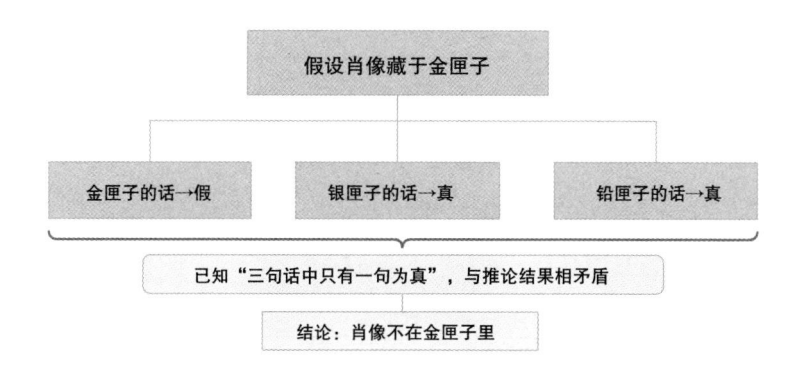

```
      假设肖像藏于金匣子
   ┌──────────┼──────────┐
金匣子的话→假  银匣子的话→真  铅匣子的话→真
   └──────────┼──────────┘
已知"三句话中只有一句为真"，与推论结果相矛盾
      结论：肖像不在金匣子里
```

假设肖像在银匣子中，银匣子上的话肯定就是假的。那么，金匣子和铅匣子上的话就是真的，这也跟已知条件相矛盾。

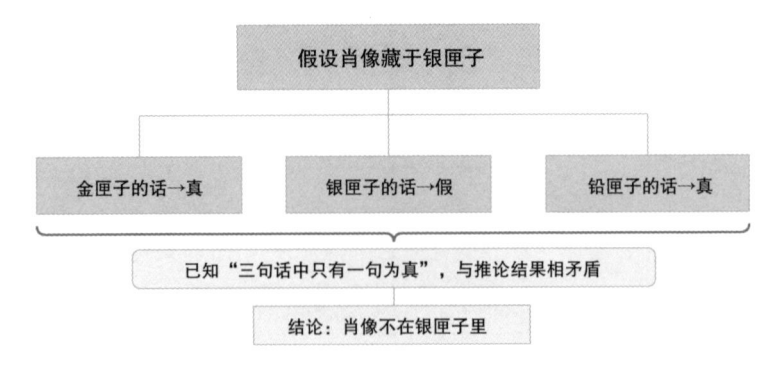

```
                    ┌─────────────────────────┐
                    │   假设肖像藏于银匣子    │
                    └─────────────────────────┘
          ┌──────────────────┼──────────────────┐
┌──────────────────┐ ┌──────────────────┐ ┌──────────────────┐
│  金匣子的话→真   │ │  银匣子的话→假   │ │  铅匣子的话→真   │
└──────────────────┘ └──────────────────┘ └──────────────────┘
          └──────────────────┼──────────────────┘
          ┌──────────────────────────────────────────┐
          │ 已知"三句话中只有一句为真"，与推论结果相矛盾 │
          └──────────────────────────────────────────┘
                    ┌─────────────────────────┐
                    │  结论：肖像不在银匣子里 │
                    └─────────────────────────┘
```

假设肖像在铅匣子中，那么金匣子上的话就是真的，银匣子和铅匣子上的话就是假的，这与已知条件相符。所以，肖像一定就藏在铅匣子中。

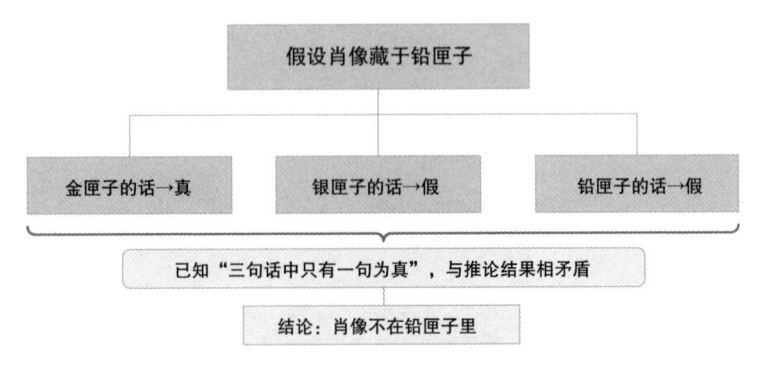

```
                    ┌─────────────────────────┐
                    │   假设肖像藏于铅匣子    │
                    └─────────────────────────┘
          ┌──────────────────┼──────────────────┐
┌──────────────────┐ ┌──────────────────┐ ┌──────────────────┐
│  金匣子的话→真   │ │  银匣子的话→假   │ │  铅匣子的话→假   │
└──────────────────┘ └──────────────────┘ └──────────────────┘
          └──────────────────┼──────────────────┘
          ┌──────────────────────────────────────────┐
          │ 已知"三句话中只有一句为真"，与推论结果相矛盾 │
          └──────────────────────────────────────────┘
                    ┌─────────────────────────┐
                    │  结论：肖像不在铅匣子里 │
                    └─────────────────────────┘
```

排中律要求在同一思维过程中，两个相互矛盾的判断不能同时都为真，其中必有一假；也不能同时都为假，应必有一真。如果违反了排中律，就会犯"两不可"或"不置可否"的错误。

逻辑小课堂
两不可

"说世界上有鬼，这不对，这是迷信；说世界上没有鬼，未免太武断，有些现象还真的不好解释。"在这番话中，对"世界上有鬼"和"世界上没有鬼"这一对相互矛盾的判断同时否定，就是犯了"两不可"的错误。

逻辑小课堂
不置可否

你问甲："你昨晚去酒吧了吗？"甲说："谁说我去酒吧了？"你又问："你昨晚没去酒吧？"甲回答说："我可没说我没去。"很显然，甲在故意采取模棱两可的态度回避你的问题。

在是非、黑白面前，骑墙居中，既不肯定又不否定，既同意这一点又同意那一点，含糊其辞、不做明确表态，就是不置可否诡辩的特征。

▶ 3-5 和丑妻生了五个孩子，登徒子真是好色之徒

17世纪末18世纪初，德国哲学家莱布尼茨在《单子论》中，提出了这样一个观点："我们的推理，是建立在两大原则之上的，即矛盾原则和充足理由原则。凭着这两个原则，我们认为任何一件事如果是真实或实在的，任何一个问题或命题如果是真实的，就必须有一个充足的理由来证明为什么是这样而不是那样。"

逻辑小课堂
充足理由律

充足理由律，是逻辑思维必须遵守的基本规律之一，它是指在论证和思维过程中，要确定一个判断为真，必须有足够证明它真实的理由；如果缺乏充足的理由，那就没有论证性。

大跌眼镜
登徒子是好色之徒吗

楚国大夫登徒子在楚王面前揭露宋玉的劣行，说他长得一表人才，能言善辩、口若悬河，但是本性好色，希望楚王日后不要让他出入后宫。楚王听了登徒子的话后，就去质问宋玉。宋玉这个人反应敏捷，逻辑缜密，还很擅长诡辩。

被楚王质问的宋玉，临场反应极快，他说自己老家有一位绝世美女，偷偷摸摸地爬墙偷窥自己三年，自己也从未动心，这能叫好色吗？接着，他又开始加大火力攻击登徒子，说登徒子的妻子蓬头垢面、耳朵挛缩，嘴唇外翻、牙齿不齐、弯腰驼背且走路一瘸一拐，还长有疥疮。这么丑陋不堪的一个女子，登徒子却爱不释手，还跟她一起生了五个孩子！试问：谁更好色呢？

充足理由律要求，在思维论断时，对任何一个真实的论断都必须进行必要的论证，提出充分的根据来支持它。如果提不出充足的理由来论证它，那它就是没有根据的、没有论证性的。缺乏论证性的论断,是没有说服力的。尽管宋玉提出的"登徒子的妻子相貌丑陋"是事实,但喜欢容貌丑陋的妻子,并不能够说明登徒子一定好色。宋玉的理由和结论之间,没有必然的联系。

可能你会问:为什么是"充足的理由",而不是简单的"理由"呢?

原因在于:在同一个判断下,可以提出无限多的理由。但是,就算那个判断是真的,也只有一些理由被认为是充足的;如果那个判断是假的,则任何一条理由也不是充足的。毕竟,有些诡辩者试图证明假的论题时,会提出一些有利于自己论题的理由,这些理由再花哨也不是充足理由。

在逻辑思维的过程中,无论是提出问题还是面对争议,都要找到充足的理由来证明其真实不虚。结论是否正确,关键就在于理由是否扎实,有充足的理由,才能说服他人。在现实生活中,违反充足理由律的诡辩术,通常有以下几种。

逻辑小课堂
理由虚假

理由虚假,就是对一个命题提供了理由,但这个理由是主观的,是不存在的或虚假的理由。某高中生说:"篮球运动员个子都比较高,所以经常打篮球可以长高。"在这个命题中,某高中生认为经常打篮球是长高的理由,但事实上,篮球运动员个子高,并不是因为经常打篮球,这不过是某高中生的主观臆想。

逻辑小课堂
循环论证

你问一个胖子："你为什么这么胖？"他告诉你："因为我吃得多。"你再问他："你为什么吃那么多？"他又告诉你："因为我长得胖。"这就是循环论证，即用来证明论题的论据本身的真实性要依靠论题来证明。说来说去，同一主张换汤不换药地重复，压根就没有给出任何解释。

逻辑小课堂
诉诸权威

在逻辑学中，以权威人士的只言片语为论据来肯定一个论题，或者以权威人士从未提出过某命题为论据来否定一个论题，都是诉诸权威的谬误，它违反了充足理由律。

——"为什么你突然迷上香水了？"

——"可可·香奈儿说了，不用香水的女人没有未来。"

可可·香奈儿是时尚界的名人，但她说的这句话，能代表事实与真理吗？香水确实能够为女性增添魅力，但并不是每一个成功的女性，都喜欢用香水；也不是每一个用了香水的女人，都可以借助香水的魅力获得一个美好的未来。仅仅凭借可可·香奈儿的那句话作为论据，不足以支撑"不用香水的女人没有未来"这一论题。

逻辑小课堂
诉诸情感

自己有所主张或驳斥他人的主张时,不在理论和事实上提出充足理由或充分根据,而是以自己的感情好恶作出判断,都是诉诸情感的诡辩。比如,喜欢之人说的都是对的,厌恶之人说的都是错的;将事实问题与价值问题混为一谈;利用听众的同情心、怜悯心,使对方接受自己的主张。

▶ 3-6 黑格尔哲学怎么成了马克思主义的灵魂

在演绎推理中,最常见的就是直言三段论。

逻辑小课堂
直言三段论

直言三段论,是借助于一个共同概念,把两个直言判断联结起来,从而得出结论的演绎推理:先列出陈述(通常是两段),也就是前提,大前提表示一般原理,小前提表示具体情况,在两

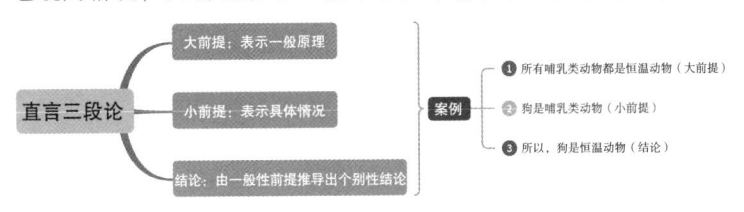

```
直言三段论 ── 大前提:表示一般原理
         ── 小前提:表示具体情况
         ── 结论:由一般性前提推导出个别性结论

案例 ── ❶ 所有哺乳类动物都是恒温动物(大前提)
     ── ❷ 狗是哺乳类动物(小前提)
     ── ❸ 所以,狗是恒温动物(结论)
```

个前提的基础上推导出结论。

直言三段论之所以能够从前提必然地推出结论，是因为它以直言三段论的公理作为依据。所谓公理，就是不证自明的道理，比如，"两点之间直线最短""整体大于局部""狗是哺乳类动物"等。直言三段论的公理，是客观事物的最一般、最普遍的关系在人们意识中的反映，是在人类亿万次重复的实践中被总结出来的，且不断为实践所证明。

然而，生活中有一些别有用心的诡辩者，或是搞不清楚逻辑的人，总会有意无意地违反直言三段论，胡乱地推理，并得出荒唐得一塌糊涂的结论。

大跌眼镜
"黑格尔哲学是马克思主义的灵魂吗？"

——辩证法是马克思主义的灵魂；

——黑格尔哲学是辩证法；

——所以，黑格尔哲学是马克思主义的灵魂！

是不是荒谬至极？马克思主义的辩证法是唯物辩证法，黑格尔的辩证法是唯心主义的辩证法，虽然都叫"辩证法"，但根本不是一回事儿！所以，直言三段论，不是"想怎么推，就可以怎么推"的，不遵守逻辑规则的玩家，就会被请出局。

逻辑小课堂
四名词谬误

每个直言三段论，只能有三个名词。在前提中出现两次而在结论中不出现的名词，必须是同一的，必须要指同一对象，具有相同的内涵和外延。否则的话，它就无法把结论中的主词和宾词联结起来，就不能得出正确的结论。

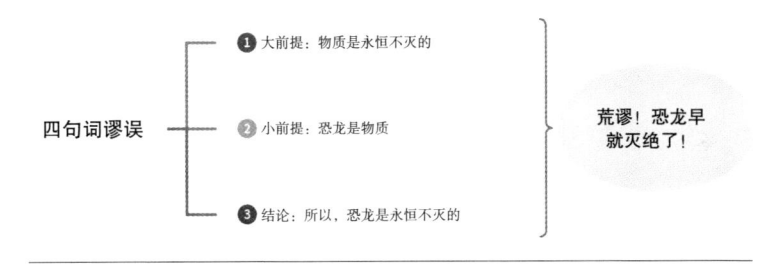

四句词谬误
- ❶ 大前提：物质是永恒不灭的
- ❷ 小前提：恐龙是物质
- ❸ 结论：所以，恐龙是永恒不灭的

荒谬！恐龙早就灭绝了！

这个结论之所以是错的，问题就出在大小前提中的"物质"指的不是同一对象。大前提中的"物质"是哲学上的物质概念，指在我们的意识之外且不依赖于意识的客观存在；小前提中的"物质"是指具体的物体，指一般物质的具体形态。

逻辑小课堂
双否定前提

双重否定等于肯定，是这样吗？在三段论中，两段前提为证据，结论由前提推演而来。如果两段前提都是否定的，则不能据以有效地推出结论，这种谬误被称为双否定前提谬误。

双否定前提谬误
- ❶ 大前提：不喜欢吃甜食的人是瘦子
- ❷ 小前提：有些抽烟的人不喜欢吃甜食
- ❸ 结论：所以，有些抽烟的人是瘦子

荒谬！也许是抽烟的瘦子生病了呢？

前面两个否定的陈述（前提），并没有说明抽烟者的任何问题。有些抽烟的人比较瘦，可能是因为本身的健康出了问题，和吃甜食没什么关系。在使用双否定前提谬误时，杠精们通常会采用让人更容易相信的事实，以塑造具有说服力的否定式句型，比如提及一些大家都知道的事——"没有被免职的人是细心的"。无论他们玩出什么"花样"，你只要记住：如果两段前提都是否定的，就不能据以有效地得出结论，至于对方说了什么内容，不用费心思去琢磨。

逻辑小课堂
不当周延

如果在结论之中，有一个用语提到整个类别，那指向结论的证据必然会清楚地涵盖这整个类别。如果一个论证破坏这个规则，那它就犯了不当周延的谬误。

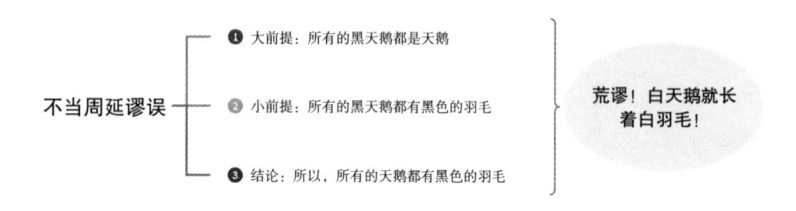

不当周延谬误
- ❶ 大前提：所有的黑天鹅都是天鹅
- ❷ 小前提：所有的黑天鹅都有黑色的羽毛
- ❸ 结论：所以，所有的天鹅都有黑色的羽毛

荒谬！白天鹅就长着白羽毛！

在上述的推理中，前提中只提到了整个类别中的某一部分（所有的黑天鹅都是天鹅类别的某一部分），但结论却涵盖了该类所剩下的部分（所有的天鹅，既包括白天鹅也包括黑天鹅），这就导致了论证产生谬误。现实生活中，杠精们总能把不当周延发挥得恰到好处，导致听话者很难发现论证的不合理，甚至觉得还挺有理。所以，你需要思考一下，杠精的某一结论是否是在没有任何信息提示的前提下，企图将整个类别包括在内？

▶ 3-7 这明明是一匹马，您怎么说是鹿呢

擅长诡辩的杠精，总会摆出一套神逻辑来混淆是非，就像纳粹德国的宣传部长戈培尔所说："谎言重复一千遍就是真理。"更令人无奈的是，谎言根本不需要重复一千遍，有时只需要重复三遍，就足以实现忽悠听众的目的，让人信以为真了。

大跌眼镜
"这明明是一匹马，您怎么说是鹿呢？"

《史记·秦始皇本纪》中记载过一个"指鹿为马"的故事：秦朝二世的时候，宰相赵高掌握了朝政大权。他担心群臣中有人不服，就想了一个办法。有一天上朝时，他牵来一只鹿，告诉秦二世说："陛下，这是我献的名马，一天可以走千里，一夜可以走八百里。"秦二世听后，大笑说："丞相啊，这明明是一只

鹿，你却说是马，真是错得太离谱了。"

赵高辩解说："这的确是一匹马，陛下您怎么说是鹿呢？"

秦二世觉得诧异，就让群臣百官来评判。大家都知道，说实话会得罪宰相，说假话又是欺君，就都默不作声。这时候，赵高盯着群臣，手指着鹿，问道："大家看看，这样身圆腿瘦，耳尖尾粗，不是马是什么？"

群臣都畏惧赵高的势力，知道不应答不行了，就纷纷附和说是马。赵高很得意，秦二世也被弄糊涂了，明明是鹿，为什么大家都说是马呢？他也开始动摇了自己的看法，以为那真是一匹马。

听起来似乎有点儿可笑，可是这样的情况，并不是个例。

大跌眼镜
"你儿子杀人了！"

在《战国策·秦策二》中，记载了这样一个故事：

曾子名叫曾参，曾经住在一个叫作"费"的地方。在那里，有个人与曾子同名同姓。

有一天，另一个曾子杀人了，有人就跑来告诉这个曾子的母亲，说曾参杀人了。

曾子的母亲很淡定，她说："我的儿子是绝对不会杀人的。"说完，就若无其事地继续织布了。

没过几天，又有人跑来告诉曾子的母亲，说曾参杀人了。这一回，曾子的母亲怎么也坐不住了，心里担忧得要命，扔下织布的梭子就跑了出去。

生活中的一些事件，会被人们由于猎奇心理而肆意地改编，原本很容易辨识的谎言，在不断地添油加醋中被重复了一遍又一遍，最后甚至会被人们误认为是真理。为什么会出现这样的情况呢？

逻辑小课堂
重复谎言

不断地重复一个虚假的观点，哪怕没有进一步提供论证或支持，也可以削弱论敌的反驳。这是因为，不断地重复会增加逻辑的合理性，让人误以为事实就是那样。许多诡辩者都会玩弄这一把戏，试图用"重复的谎言"控制别人的思想。

我们必须要警惕，这是一种逻辑谬误！没有进一步阐述论点，再多的重复也跟事实无关。这种谬误不过是在诉诸心理因素，而不是诉诸理性。重复谎言的谬误是在否认事实，百般抵赖，甚至是睁着眼说瞎话。但，谎言终究是谎言，虽能蒙蔽一时，却永远无法变成正确的逻辑。终有一天，它还是会被事实击得粉碎。

逻辑推理游戏
爱丽丝提出的问题是什么

爱丽丝在去阿鲁卡家参加宴会的途中，遇到了一个岔口，她不知道该走哪条路。幸好，奇奇和怪怪两兄弟在那里执勤。爱丽丝对他们说："村长告诉我，这两条路中有一条路通往阿鲁卡的家，另一条路通往魔鬼的洞穴，我可不想去那里。他说，你们知道那条正确的路该怎么走？同时也提醒我，你们当中的一个总是说实话，另一个总是说谎。他还说，我只能问你们一个问题。"然后，爱丽丝就提出了她的问题，且无论问他们中的哪一个，她都能得到正确的答案。

你知道，爱丽丝提出的问题是什么吗？

（答案：爱丽丝问？"如果我昨天问你们'哪条路通向阿鲁卡的家'的话，你们的答案是什么呢？"听到这个问题，说实话的人仍然会说出正确的答案，说谎的人则会再次撒谎。但是，昨天他也在撒谎，所以他的话在抵消之后，也是正确的答案。）

▶ 3-8 我又不想出国，没有必要学英语

某杠精不喜欢学英语，你跟他谈英语的用途时，他给你搬出这样的一套逻辑："如果一个人想要出国，那么他就要学习英语；如果一个人不想出国，那么他就没必要学英语。我不想出国，所以没有必要学英语。"你在生活中肯定也听过与之相似的论调，你认同对方的观点吗？如果不认同，你能用逻辑学揪出对方的"杠点"吗？

逻辑小课堂
否定前件 VS 肯定后件

在"如果……那么……"的论证结构中,"如果"的部分是前件,"那么"的部分是后件。通常来说,前件是来证明后件的,且两者不能颠倒。我们可以肯定前件,也可以否定后件,这都说得通。但是,肯定后件和否定前件,就会出现谬误。

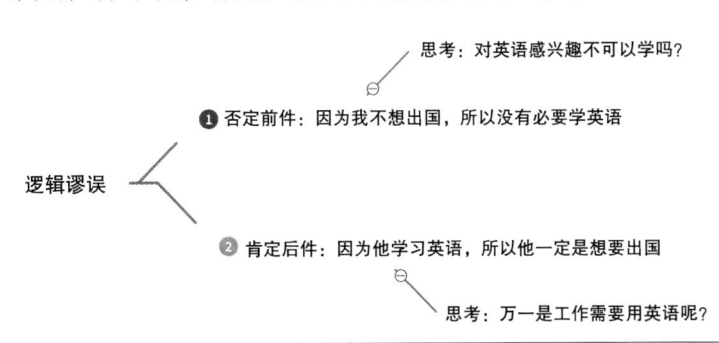

思考:对英语感兴趣不可以学吗?

❶ 否定前件:因为我不想出国,所以没有必要学英语

逻辑谬误

❷ 肯定后件:因为他学习英语,所以他一定是想要出国

思考:万一是工作需要用英语呢?

从本质上说,肯定后件与否定前件是一致的,都是杠精用来混淆视听的。学习英语的人,一定是想要出国吗?不想出国的人,难道就没必要学习英语吗?除了出国以外,工作不也可能需要英语吗?抑或是,有的人就是单纯喜欢英语,也是可以去学习的。

否定前件之所以说不通,是因为它只给了事件一个原因,而这个事件通常还有很多其他的原因。然而,这个谬误却自动排除了其他可能的原因。我们可以再看下面这个例子——

——如果我吃太多,我就会生病。

——因为我没有吃太多,所以我不会生病。

吃太多与生病之间，有直接的关系吗？生病的原因有很多，可能是淋雨着凉了，可能是感染了流感，还可能是突发意外。

▶ 3-9 学生该不该付另一半的学费呢

古希腊哲学家普罗塔哥拉，依靠收徒讲学、传授论辩技巧、教人打官司为生。一日，有个名叫欧提勒士的学生找到普罗塔哥拉，想跟他学习论辩术。原本是好事，没想到的是，师徒二人最后竟然闹上了法庭，闹出了一场"理不清"官司。

大跌眼镜
学生该不该付另一半学费

听闻欧提勒士想要拜自己为师，普罗塔哥拉开出了他的条件："跟我学习可以，但要收取学费。你的学费可分两期支付，一半学费在入学时支付，另一半学费在你学成之后，即第一次出庭胜诉后再交付，你同意吗？"欧提勒士答应了老师的要求，两人签订了合同。

按照规定，欧提勒士先支付了一半学费，并很快就学完了全部课程。普罗塔哥拉一直等着欧提勒士交付另一半学费，但欧提勒士似乎并不把合同放在心上，学成后一直不肯出庭替人打官司，当然也就不会交另一半学费。普罗塔哥拉忍无可忍，决定向法院起诉，指控欧提勒士拖欠学费。

庭审中，师生双方进行了一场辩论。

普罗塔哥拉："如果你胜诉，你就应该按照合同规定支付另一半学费，因为这是你第一次出庭，并取得胜诉。如果你败诉，就必须依照法庭的判决，支付我另一半学费。总之，不管你胜诉还是败诉，你都得付我另一半学费。"

欧提勒士："老师，你错了！恰恰相反，如果你跟我打官司，无论我胜诉还是败诉，都用不着付你另一半学费。如果我胜诉了，根据法庭的判决，我当然不用付另一半学费；如果我败诉了，那么我也不用付另一半学费，因为我们的合同规定，第一次出庭胜诉后，才付给你另一半学费。"

在辩论过程中，师生两人互不相让，争论不休，但谁也无法说服对方。负责这个案件的法官和陪审员，当时也被难倒了，迟迟不能作出判决，这就是历史上著名的"普罗塔哥拉悖论"。

逻辑小课堂
二难诡辩术

在这场辩论中，普罗塔哥拉与欧提勒士，都运用了二难诡辩术。所谓二难诡辩术，就是在论辩的过程中，只列出两种可能性，此外别无选择，迫使论敌从中作出选择。但无论对方选择哪一种可能性，结果都会对他不利。这样就迫使论敌陷入进退两难的境地，从而落入自己的控制之中。

在二难诡辩术中，两种可能性，也就是两个假言前提，全都是虚假的，前后件没有必然的联系。这个假言前提的设置目的，就是诡辩者想从自己的利益出发，让论敌陷入进退维谷的境地。

就普罗塔哥拉和欧提勒士的辩论而言，他们的立论都是错的，因为违背了逻辑学上的"同一律"规则，概念及判断混乱，是非标准不统，可谓是彻头彻尾的诡辩。

普罗塔哥拉的"二难推理"

- 如果欧提勒士打赢官司，按照合同，他应付我另一半学费
- 如果欧提勒士打输官司，按照判决，他应付我另一半学费
- 无论欧提勒打赢或打输官司，他都应付我另一半学费

分析

❶ 第1个假言前提是不真实的，前件与后件无必然联系

❷ 欧提勒士打赢官司，推不出"按照合同，他应付我另一半学费"

❸ 合同规定的"欧提勒士第一次打赢官司"，是指他以律师身份，而非被告身份

在普罗塔哥拉的推理中，第一个假言前提是不真实的，前件与后件不存在必然联系：欧提勒士打赢了这场官司，推不出"按照合同，他应该支付所欠的另一半学费"。合同规定的是，欧提勒士第一次出庭打赢官司，指的是他以律师身份帮人打赢官司，而不是以被告身份打赢官司。

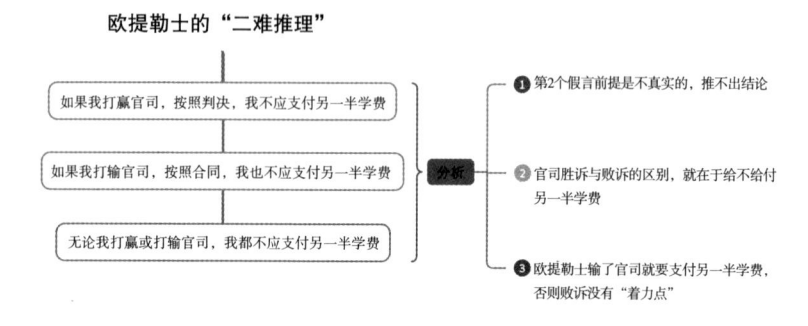

欧提勒士的"二难推理"

- 如果我打赢官司，按照判决，我不应支付另一半学费
- 如果我打输官司，按照合同，我也不应支付另一半学费
- 无论我打赢或打输官司，我都不应支付另一半学费

分析

❶ 第2个假言前提是不真实的，推不出结论

❷ 官司胜诉与败诉的区别，就在于给不给付另一半学费

❸ 欧提勒士输了官司就要支付另一半学费，否则败诉没有"着力点"

在欧提勒士的推理中，第二个假言前提也是不真实的，推不出结论。这场官司胜诉与败诉的区别就在于给不给付另一半学费，如果欧提勒士输掉了官司，就要支付另一半学费。不然的话，败诉的"着力点"在哪儿？没有对象，胜诉败诉无从谈起。

综合来看，师徒二人的二难推理，采取的是不同的标准：一个是法庭判决，一个是合同约定。两个标准各有利弊，他们都是以对自己有利的标准为自己诡辩，所以才会得出针锋相对的结论。倘若都用一个标准来判断，那案子就不复杂了。

如果在现实生活中碰到了二难诡辩术，我们该如何破解呢？

思路 1：指出对方的前提假设是虚拟的，不符合现实。

——"现代社会中，男人和女人谁更累？"

如果坚持"女方更累"的一方提出：大部分家庭中，女人是否在上班之外，还要做家务？后续的二难推理可能是：女人上班比男人更容易累，女人不仅要上班，还要做家务，所以女人更累。

这个时候，坚持"男方更累"的一方就可以指出：对方辩友错了，现在大部分家庭中，男女都是共同承担家务的，且在上海等城市还是男人承担主要的家务。

> 思路2：以其人之道，还治其人之身。

——老师状告学生不交学费（与"半费之讼"相似）。

学生援引双方约定："如果我胜诉，按照法庭判断我不该付费；如果我败诉，按照约定我不该付费。所以，无论胜败，我都不应该付款。"

老师以相同的逻辑援引约定："如果这次你胜诉，就要按照约定付款；如果你败诉，就要按照法庭的判决付款。无论胜败，你都应该付款。"

听起来有点儿复杂的二难推理，你理解了吗？

▶ 3-10 给懒惰的农民发两头牛，他们就会变勤奋吗

从一家大型公司面试回来的儿子，进门就对父母说："我看了一下，那家公司的管理者都开着三十万元以上的车呢！要去那儿上班的话，我还得换一辆好点的车。"

父亲一听就皱起了眉头，说了一句："你这是什么逻辑啊？不着调！"

父亲说得没错，儿子的话的确是一个"神逻辑"，你看出来问题在哪儿了吗？

逻辑小课堂
因果倒置

在逻辑学上，事件的原因与结果之间存在正相关的联系。如：A和B两个事件，存在正相关的关系，但如何判断A和B，谁是因，谁是果，是弄清楚这两个事件的首要因素。如果把关系弄反了，原因与结果相互颠倒，就犯了因果倒置的谬误。

儿子认为，拥有一辆好车才有资格成为那家公司的管理者，但真实的因果关系是：出任那家公司的管理者能够获得丰厚的薪资，才使他们有能力购买好一点的车。这种因果倒置的逻辑，也难怪会让父亲皱眉。现实生活中，有不少人知道因果倒置是一种逻辑谬误，但他会故意利用这种方式来诡辩。听者不进一步思考的话，会很容易被迷惑，并相信他们的诡辩。

大跌眼镜
给懒惰的农民发两头牛，他们就会变勤奋吗

19世纪，英国有一位改革家声称，他经过调查研究发现：每个勤劳的农民都至少有两头牛，可见有牛的农民都勤奋。据此，他得出判断：如果给那些好吃懒做的农民每个人发两头牛，就能够让他们变得勤奋起来。于是，他就提出了一个改革措施：给没有牛的农民发两头牛。

仔细一看，你就会发现，这位改革家犯了因果倒置的错

误。原本，农民勤劳是原因，有两头牛是农民勤劳的一种表现形式，也可视为农民勤劳带来的结果。可在改革家看来，有两头牛是原因，农民勤劳是结果。所以，才有了后面那个可笑的改革方案。

很有可能，给懒惰的农民发了两头牛以后，并无法改变他们懒惰的习性。相反，他们还可能把牛卖掉，挥霍掉卖牛的钱，继续懒惰下去。这样的话，国家和政府的补贴，就被白白浪费掉了，同时也会打击那些原本勤劳的农民，让他们认为自己受到了不公正的对待。

因果关系是普遍存在的，但这并不意味着，任意的两件事物或两种现象之间都存在因果关系。就算真的存在因果关系，谁是因，谁是果，也需要谨慎判断。比较靠谱的方法是，从因果关系的"共存性"与"先后性"入手。

○ 共存性：原因和结果之间存在相互接近性

○ 先后性：原因在先，结果在后。

是否具备这两种特性，是判断因果关系的一个重要条件。要注意的是，不能因为两种事物之间存在这两种关系，就认为它们之间有因果关系。比如，打闪和打雷，一个在前，一个在后，但不能说，因为打闪了，所以打雷。事实上，打闪和打雷的出现有共同的原因，即带电云之间的相互碰撞。很多时候，因果倒置是我们的思维发生了倒置的想法，那是主观臆想，而非事实。

在关系推理方面，还有一些逻辑谬误是需要警惕的，杠精们经常会利用它们。

逻辑小课堂
简化因果关系

在对一个事件进行解释时,依赖并不足以解释整个事件的具有因果关系的因素,或者着意强调这些因素中的一个或多个因素的作用,就犯了过度简化因果关系的谬误。事实上,无论发生了什么事,都是由许多共同起作用的原因联合起来的结果。

就"在儿童中抑郁症的发病率增速惊人"这一事件来说,新闻记者采访了各路专家,最后综合专家的意见,指出引发这一现象的主要原因有:遗传因素、同龄人之间流行的取笑戏弄、父母疏忽大意、电视新闻里泛滥的恐怖主义和战争、缺乏信仰、学习压力过大……总之,这些原因中的任何一个因素,都可能导致小孩患上抑郁症,但不能说某一因素是唯一的原因。

逻辑小课堂
一厢情愿

以自己单方面的想法作为论证根据,以个人的好恶和个人意愿来判断,就是总是有选择地相信——相信自己愿意相信的事,在逻辑学上叫作一厢情愿,是因果关系的想当然诡辩。

"快过节了,超市的商品应该会有很大的折扣""我和他是多年的朋友了,所以他一定不会骗我",扪心自问:你的这些推断都得到印证了吗?事实和你想得一样吗?

逻辑小课堂
因果混淆

事物之间有相关性，并不能证明它们存在因果关系。尽管原因先于结果出现，但先于结果出现的还有许多其他因素，而其中有很多并不是引发结果的原因。有时，两者之间的因果恰恰相反，或者两者之间根本没有因果关系。把巧合的相关关系视为因果关系，容易作出错误的判断。

有一个喜欢思考的孩子，注意到了这样一个现象：每天早上，太阳都会升起，到了傍晚，就会落山，也不知道它藏到了什么地方。为了弄清楚太阳到底去了哪儿，这个孩子在每天太阳落山的时候都会盯着它。可是，无论怎么观察，他依然找不到问题的答案。

后来，这个孩子又注意到了一件事，他家的保姆阿姨，也是早上出现在他家，傍晚离开，然后就不见了。孩子好奇地问："阿姨，您晚上去哪儿了？"保姆告诉他："孩子，阿姨晚上回家了。"就这样，孩子把保姆阿姨的来去和昼夜循环联系在一起，得出了一个结论：因为保姆阿姨回家了，所以太阳也回家了。

孩子的想法颇具童真的味道，但这样的逻辑错误，却不只是发生在孩子的头脑中。如果有人向你指出A和B之间有相关性，并假设它们为因果关系时，请务必记得问一句："还有没有其他原因，可以解释这种联系？"

逻辑小课堂
回归谬误

统计学告诉我们，事件发生的概率都是围绕一个均值来回波动的，这叫作"均值回归"。如果不考虑统计学上这种随机起落的回归现象，看到一件事发生后，某个指标回归平均，就认为这件事是导致该指标发生变化的原因，就犯了回归谬误。

凯文上次打乒乓球比赛，成绩特别烂，教练把他狠狠地训斥了一顿。结果，下一场比赛时，凯文表现得很好。于是，教练就说："责骂可以提高凯文打乒乓球的成绩。"

教练的推理就属于回归谬误：人在比赛中的表现，往往是不确定的，时好时坏。当前一次打出很少发生的极其糟糕的成绩时，即使什么都不做，下一次也可能会打出比上一次好的成绩。如果前一次比赛表现得罕见的出色，那么下一次的比赛成绩，通常会比前一次差。

▶ 3-11 喜欢归纳的火鸡：怎么就把我杀了呢

当我们看到天空乌云密布、燕子低飞、蚂蚁搬家等现象时，往往会得出一个判断：天要下雨了。在逻辑学中，这属于归纳推理。根据考察对象范围的不同，归纳推理可以分为两种：完全归纳推理和不完全归纳推理；其中不完全归纳推理，又可以分为简单枚举推理和科学归纳推理。

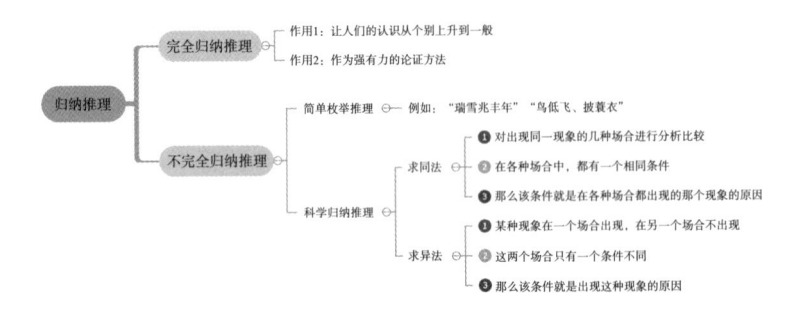

```
归纳推理 ┬ 完全归纳推理 ┬ 作用1：让人们的认识从个别上升到一般
        │              └ 作用2：作为强有力的论证方法
        └ 不完全归纳推理 ┬ 简单枚举推理 ── 例如："瑞雪兆丰年""鸟低飞、披蓑衣"
                        └ 科学归纳推理 ┬ 求同法 ┬ ❶对出现同一现象的几种场合进行分析比较
                                      │        ├ ❷在各种场合中，都有一个相同条件
                                      │        └ ❸那么该条件就是在各种场合都出现的那个现象的原因
                                      └ 求异法 ┬ ❶某种现象在一个场合出现，在另一个场合不出现
                                              ├ ❷这两个场合只有一个条件不同
                                              └ ❸那么该条件就是出现这种现象的原因
```

逻辑小课堂
回归谬误

归纳推理能够帮助我们处理不少问题，但客观世界是很复杂的，我们的认知层次受限，过去的规律和经验不一定能够帮我们解决当下的困境。无论归纳了多少种事例，归纳的结论始终是充满不确定性的，只要出现了一个反面的例子，归纳的结论就会被推翻。

大跌眼镜
喜欢归纳的火鸡

有只火鸡很喜欢归纳，当它发现主人第一次给它喂食是9点钟时，并没有急着下结论，而是继续细心观察。火鸡留意主人在晴天、阴天、雨天、雪天等不同的天气下，每一次给它喂食的时

间，想在主人给它喂食的时间上找出一些规律。

经过一段时间的观察，火鸡发现：无论什么天气，主人都会准时在上午9点钟给它喂食。于是，火鸡果断地得出结论：主人每天上午9点钟给我喂食。

当它得出这个结论后不久，圣诞节来临了，它怎么也没有想到，主人在圣诞节这天早上9点钟，把它杀了。临死前的一刻，火鸡带着深深的遗憾感叹道："早知道有这一天，就不吃那么多了，应该把自己饿瘦一点儿！"

这是英国哲学家罗素举的一个例子，他想借助这个小故事阐述归纳谬误的问题。在现实生活中，有些人在收集了一些事例后，发现这些事例可以总结出一个结论，然后就武断地做出总结，并坚信自己的结论是对的，最终不知不觉地陷入偏执之中。

现实中的很多事情是没有办法根据前面的已知规律推出来的，因为人是行为的主体，不是存在规律可循的熟悉游戏，人的主观能动性会受到许多事物的影响，比如情绪、物质条件等，要是轻率地归纳，就可能会掉进不知名的陷阱。

人之所以会轻率归纳，有一个重要原因：过于相信经验。我们经常会听到这样的论调："经验是前人从无数经历中总结出来的，依靠经验，能少走许多弯路。"诚然，在某些事情上，经验可以帮助我们绕开一些弯路，但问题是：经验这个东西，真的放之四海而皆准吗？

大跌眼镜
猴子为什么不敢碰香蕉

心理学家曾经做过一个实验：把5只猴子关在一个笼子里，笼子上挂着一串香蕉。实验人员安装了自动装置，一旦猴子碰到了香蕉，就会有水喷洒下来。5只猴子看到香蕉，纷纷跑过去拿，结果每只猴子都被浇了冷水。于是，猴子们意识到，这个香蕉是不能碰的。

接下来，实验人员又把一只新猴子放进笼子。新猴子看到香蕉后，本能地想要去拿，结果遭到了另外5只猴子的痛打。因为先前的经验告诉它们：香蕉不能碰，如果新猴子碰了香蕉，它们都要被浇冷水。所以，它们强烈阻止新猴子去碰香蕉。新猴子遭到了痛打，自然也就不敢再去碰香蕉了。

后来，实验人员把喷水的自动装置卸掉了，碰香蕉不会再被浇冷水。可是，猴子们由于之前经验的误导，还是认为香蕉不能碰，哪怕被饿得很难受，也不敢去碰香蕉。虽然，此时的香蕉已经是"安全"的了。

逻辑小课堂
诉诸经验

经验不一定都是可靠的，盲目地信从经验，可能会故步自封。如果总是把经验作为论据，当成解释事物的出发点，或是分析事物的基础，就会陷入诉诸经验的逻辑谬误中。

泰坦尼克号的船长史密斯曾说："根据我所有的经验，我没有遇到过任何……值得一提的事故。我在整个海上生涯中只见过一次遇险的船只。从未见过失事船只，从未处于失事的危险中，也从未陷入任何有可能演化为灾难的险境。"这位大名鼎鼎的船长，根据过往的航海经历归纳出海上航行的安全性高，可是后来发生的事，我们都知道——他随着泰坦尼克号沉入了冰冷的大西洋中。

如果有人用经验跟你讲道理，切记要一分为二来看，既要吸收其合理的部分，也要辨别其不合理的部分。在处理问题时，要具体问题具体分析，不能用经验画地为牢。

▶ 3-12 什么是"正"，什么是"不正"

古希腊哲学家苏格拉底很擅长辩论，他曾经和欧西德展开过一场精彩的辩论。

大跌眼镜

什么是"正"，什么是"不正"？

欧西德："我所做的事情，没有不正的。"

苏格拉底："什么是'正'，什么是'不正'？你觉得，虚伪是'正'还是'不正'？"

欧西德："不正。"

苏格拉底："偷窃呢？"

欧西德："不正。"

苏格拉底："侮辱他人呢？"

欧西德："不正。"

苏格拉底："克敌而辱敌，是'正'还是'不正'？"

欧西德："正。"

苏格拉底："诱敌而窃敌物，是'正'还是'不正'？"

欧西德："正。"

苏格拉底："你刚刚说，侮辱他人和偷窃都是'不正'，可为什么现在又说，侮辱他人和偷窃是'正'呢？"

欧西德："对朋友和对敌人，当然是不一样的。"

苏格拉底："将军为了给士兵鼓劲儿，欺骗他们说'援兵就要到了'，结果士兵们打了胜仗。将军的欺骗行为，是'正'还是'不正'？"

欧西德："正。"

苏格拉底："你刚刚说，'不正'只可对敌人，不可对朋友。现在，为什么又认同可以把'不正'对朋友了呢？"

欧西德：……

面对这样的质问，欧西德难以自圆其说。

透过先哲的辩论，我们可以看到一个事实：回答问题太过绝对，会让自己很被动。也许在我们的意识中，也认为羞辱、偷窃

是绝对的"不正",但又不得不承认,在某些时候,这两种行为却是"正"。欧西德在回答苏格拉底的问题时,就犯了逻辑学上的绝对化谬误。

逻辑小课堂
绝对化谬误

把在一定条件下,一定的时间、空间之内为正确或错误的事,推广于任何条件、任何时间与空间;或者说,对同类的所有事物一概而论,没有具体问题具体分析,就属于绝对化谬误。

如果有谁不分情况、地点和说话对象,一味地认为某些逻辑必然是对或错,你就可以指出,他犯了绝对化谬误。毕竟,世界上的很多事物都是有两面性或多面性的,需要具体情况具体分析。

大跌眼镜
有才的能长寿,还是无才的能长寿

唯心主义哲学家王阳明,曾经带着两个学生去拜访朋友。朋友家养了两只鹅,一只会叫,一只不会叫,朋友让仆人把那只不会叫的鹅杀了,用来款待王阳明。借此,王阳明教育学生说:"你们看,不会叫的鹅被杀了,会叫的鹅还活着,所以——有才的,才能长寿。"

吃过饭后,王阳明带学生去后山游览,看到两株大树,一株长得笔直,一株长得弯曲,而有两个人正在砍伐那株笔直的树。

借此，王阳明又教育学生说："你们看，笔直的能成材，就会被砍掉；弯曲的不能成材，就会被留着，所以——无才的，才能长寿。"

两个学生听得糊涂了，其中一个忍不住问王阳明："老师，您刚刚说，有才的才能长寿；现在为什么又说，无才的才能长寿呢？"

王阳明解释道："'有才的才能长寿'与'无才的才能长寿'都没有错，它们是针对不同的对象、不同的条件而言的，两者并不相斥，也没有犯逻辑错误，它们在各自所处的事件、地点、条件下，都是正确的。"

绝对化，意味着走极端，意味着不科学，意味着不合逻辑。即便是真理，也不一定是放之四海而皆准的。比如，水在100℃时沸腾，这句话是真的，但不是在任何条件下都是真的，它只是在标准大气压的条件下是真的。在青藏高原上，水就不是在100℃时沸腾了。

▶ 3-13 直呼母亲的名字，有什么过错呢

和演绎推理、归纳推理一样，类比推理也是推理的一种形式。

类比推理，是根据两事物在某些属性上相同或相似，通过比

较而推理出两者在其他属性上也相同的推理过程。比如，太阳上的化学元素，如氧、氮、硫、磷、钾等，地球上也有。科学家利用光谱分析，首先发现太阳上有氦存在，于是就类推地球上也可能有氦存在。1895年，英国化学家雷姆果然在地球上发现了氦元素。

类比推理的运用是有一定条件的，只有当人们已经具有对两种事物一定的知识，确知两种事物之间有一定程度的联系，才能从已知相同的属性，推断它们的其他属性也可能相同。如果两个对象完全是"风马牛不相及"，或两个对象的共同属性与推出的属性没什么联系，就不能运用类比推理。可惜，现实生活中有些人不理解这一点，盲目地类比；也有些人明知故犯，为了证明自己的观点或达到某种目的，利用类比推理的谬误进行诡辩。

逻辑小课堂
机械类比

机械类比，是将两个性质完全不同，仅仅表现有某些相似的对象进行类比。机械类比违背了类比推理的规则，推出的结论并不可靠，甚至结论本身就是错的。

大跌眼镜
东施效颦，为什么越效越丑

春秋末年，越国出了一位美女，名叫西施。这女子长得亭亭玉立，婀娜多姿。

一日，西施突发心痛病，胸口疼痛难忍，只见她用手按住胸口，愁眉蹙额，从村里走过。村里人见她那副表情，觉得比平时更有一种妩媚的风姿。

同村的丑女东施，听到众人赞扬西施的美貌，误以为是由于西施愁眉蹙额。于是，她也学着西施的模样，故意用手按住胸口，紧皱眉头，慢吞吞地从村里走过。

谁知，村里人见到她这副样子，一个个都躲得老远，或是关上大门，觉得她是丑人多作怪，谁也不愿意多看她一眼。有一位不怕得罪人的老妇，当着东施的面挖苦她说："哈哈，你皱眉的时候，眉头上的皱纹更深了，捂住胸口弯着腰，就像一个老太婆。"

东施原本是想效仿西施的美，结果却遭到了一通耻笑，因为她不懂逻辑学！东施只知道西施捂住胸口、皱着眉头的样子好看，却不知道西施的美是客观存在的，是由多方面的条件决定的，而不仅是按住胸口、愁眉蹙额的缘故。她忽视了自身的条件，生搬硬套，效仿西施的病态，结果弄巧成拙，闹了一出大笑话。

大跌眼镜
直呼母亲的名字，有什么过错呢

春秋时期，宋国有个年轻人，外出求学多年，回到家后看到自己的母亲，竟然直接称呼母亲的名字。母亲很诧异，也很生气："你这孩子，去外面求学多年，更应该知书达理才是，怎么学成归来后，竟然连母亲都不叫了，你这书是怎么读的？"

年轻人理直气壮地说："直接称呼母亲的名字有什么不对吗？天下的圣贤，没有谁比得过尧和舜，可我们都是直接称呼他们的名字；天底下的事物，没有什么比得上天和地，可我们也是直接称呼它们的名字。母亲论贤德，超不过尧和舜；论地位，大不过天和地。所以，直接称呼母亲的名字，又有什么过错呢？"

是不是瞥见了一幅"书呆子"的画卷？

让我们回顾一下"书生杠精"的神逻辑：尧和舜是圣贤，可以直呼其名，没人说不对；天和地为世上最大，可以直呼其名，也没人说不对。天底下最圣贤和最大的人和事，都可以直呼其名，那么，对贤德与地位方面比不上尧舜和天地的母亲，自然也可以直呼其名。

类比是一种表达思想、进行说服和教育的有力工具，但在运用类比推理的过程中，类比前后的事物——必须有尽可能多的共性，且两事物的本质属性与结论之间也要具备一定的必然联系。"杠精书生"把母亲与尧舜和天地进行类比，完全不顾及母亲与另外两者之间的共性微乎其微，且无必然联系。明明是他自己犯了机械类比的谬误，却还振振有词，这书读得实在令人汗颜。

杠精们胡搅蛮缠，把没有联系、不具可比性的事物生拉硬扯地放在一起做类比，目的是用诡辩的方式达成自己的目的。那么，面对不当类比的诡辩，要如何不失体面地反驳呢？

反驳方法 1：找出另一种类比，反驳对方的观点。

神学家威廉·巴莱为了证明上帝存在，运用了一个强大的类比论证。

巴莱把我们的世界比作一个精密的机械钟表：如果我们在一个荒岛上发现了一个运行精确的钟表，我们只能假定有一个制表人制作了它，并将它留在岛上。如果你认为钟表的各部分只是基于巧合或概率组装在一起，成为这个精密的钟表，那显然是远离事实与可能性的。同理，我们所处的世界，以如此复杂、神奇、有序的方式运行，我们不能假定这是意外或随机形成的，我们必须承认，有一位造物主设计创造了这个复杂精巧有序的世界。

对于这样的观点，我们可以找出另一种类比：把世界比作一种生物组织，而不是机械钟表。这个生物组织会生长，其系统、器官、肢体会发展，也会退化，其核心是能量与物质，而不是思想与精神。我们可以宣称，这个世界按照自然选择，而不是有目的的提前计划运行。在这个世界上，当生物不再有活力时，它就会死亡。

反驳方法 2：按照对方的类比发展下去，得出荒谬的结论。

有人说，乌龟只有把头伸出壳外，才能向前进；公司只有愿意冒险，才能有发展。如果我们不认同这种观点的话，那就可以反问对方：按照这样的类比，那是不是公司也应当像乌龟一样，行动时要缓慢,遇到危险就要把头缩进壳里呢?

辩论界流行一句话:"一切的类比都是不当类比。"

其实,用以类比的东西,原本就不可能是同一个东西,不同的东西肯定有不同的地方,而这个本质上不同的地方,就可以用来攻击类比不当。你,学会了吗?

▶ 3-14 雨点从几万米高空落下,怎么没砸死人

为了避免高空坠物导致的伤亡事故,不少高层楼房都会提示业主要防范此类情况。当一个物体从高处落下时,由于地球引力,下落的速度会越来越快,动能也越来越大,从高层坠落的一颗鸡蛋也能把人砸死。

有一些素养低下的杠精,明知道高空坠物有危险,却为了图省事,随手就往窗外扔垃圾。你质问他,他要么不承认,要么无理搅三分:"我就扔了一个塑料袋,至于吗?那雨水从几万米高空落下来,应该有很大的动能,怎么没把人砸死呀?"

面对这样的杠精,你没办法用道理论据去解释。比较奏效的方式,是摆出常规性的事实论据:"你站在楼下,我从30楼上倒一盆洗脚水,会把你砸死吗?"

在逻辑学上,论据是用来证明论点的判断,是立论的根据,没有论据证明的论点是不靠谱的。论据分为两类:道理论据与事

实论据。两者相比，事实论据更能客观、真实地描述和概括事物，比道理论据更有说服力，正所谓"事实胜于雄辩"。

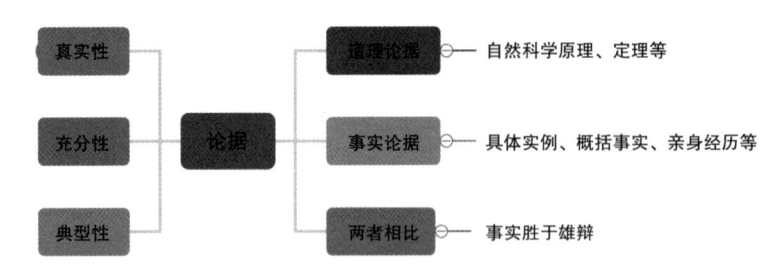

```
真实性 ─┐                ┌─ 道理论据 ─── 自然科学原理、定理等
        │                │
充分性 ─┼── 论据 ────────┼─ 事实论据 ─── 具体实例、概括事实、亲身经历等
        │                │
典型性 ─┘                └─ 两者相比 ─── 事实胜于雄辩
```

论据和论点是证明与被证明的关系，因此论据的选用是有一定要求的，不是任何看起来能够解释论点的论据都可以随便拿来用。论据与论点要存在客观、本质性联系，这样才能正确地过渡。如果论据相对于论点，只是表面上的现象，或是论证人主观臆想出来的关系，两者毫不相干，那么证明出来的论点就是不可靠的。同时，论据还必须是充足的，一个论点的多个方面需要不同的论据来证明，如果以少量论据概括多个论点，那么证明的论点也是不可靠的。

现实中有不少杠精，在证明自己的观点时，完全不考虑自己的论据是否具备真实性、充分性和典型性，上来就理直气壮、振振有词地摆一通"毫无道理的道理"。

大跌眼镜
"赚了那么多钱，就应该多捐点儿！"

2008年汶川地震发生后，全国上下都沉浸在悲痛之中。当时，一位因拍摄某电影而名利双收的导演在微博发文："祈祷震

区平安!"随后,一群"键盘侠"以其电影大卖为由,"逼"该导演为灾区人民捐款。以下,便是"键盘侠们"摆出的论据:

"那么高的票房,那么高的利润,怎么不能拿出一部分捐给灾区?"

"赚了那么多个亿了,才捐了一百万!"

"你不是自诩爱国吗?不要在口头上和电影里说,请用实际行动说。"

"我贡献了票房,请你贡献爱心!"

"不要辜负中国人对你的期望。"

2015年天津塘沽爆炸事故发生后,同样又有一群"杠精"义愤填膺地质问某超级富豪:

"你那么有钱,随便捐出10%的资产就能救很多人。"

"首富就应该捐一个亿!"

按照"键盘侠"与"杠精"们的神逻辑:"你既然赚了那么多钱,你既然是首富,你就应该多捐钱!"这个逻辑是说不通的,"名人和企业家赚得多"的论据,不足以支撑"名人和企业家就该多捐钱"的论点,两者甚至是不相干的。可笑的是,他们还口口声声宣称:"这不是道德绑架!"那么,不是道德绑架,又是什么呢?做慈善的原则是自愿,无论人家拍摄的电影票房赚了多少,也不管人家是不是首富,捐或不捐、捐多捐少,都是人家的自由和权利。

许多正确的思想和科学的原理,只有在得到充分证明之后,才能被人接受；许多歪理邪说只有在被彻底反驳之后，才会被人们摒弃。在日常生活中，不是所有一开始表达出来的观点都是十分明显的真或假，特别是那些精心修饰过的谎言与诡辩。善于有论据地证明，是一项具有重要意义的能力，但前提是其所利用的论据必须是真实的，而且不能运用没有经过证明的论据。如若不然，就会犯预期理由的谬误。

逻辑小课堂
预期理由

所谓预期理由，是指在证明或反驳一个观点时，把真实性有待验证的判断作为论据，即便这个论据没有明显错误，但也从未被证明过是真实的，即推论依赖的不是完全可靠的判断，因而不具备可信度和说服力。

大跌眼镜
"别给我画饼，等你把钱赚到手了再说！"

老赖向朋友借2万块钱，声称半年后连本带利一起还，利息是本金的30%。

听起来挺大方，但朋友并不买账，因为这不是老赖第一次向他借钱了。他直截了当地回复说："我手里也没什么钱，况且你上次从我这里借的钱，还差2000没还呢！"

老赖脸不红、心不慌，神色镇定地说："放心，兄弟！这次啊,我一并都还给你,把这2000块钱也算在本金里,你看怎么样?"

朋友说:"听起来是不错,但我怎么才能相信你?"

某人神秘地说:"现在,我正跟别人合作一个项目,这个项目结束后,起码能赚三十万,到时候你还怕我没钱还你?"

朋友笑了,说:"别给我画饼,等你把钱赚到手了再说!"

朋友不肯再借钱给老赖,诚信肯定是一个重要原因,还有一个原因就是,老赖把没有发生的事情拿来作为论据,企图证明自己有偿还能力,这是典型的诡辩术。对于牵涉到自身利益的问题,一定要提高警惕,不要轻信预期理由。

有时,杠精们为了证明自己的观点,还会选择"以无知为据"。放眼望去,这样的逻辑谬误或诡辩,充斥在生活的各个角落:"你不能证明你的观点是对的,所以别跟我争辩""没有人能证明外星人存在,所以外星人一定不存在""你拿不出证据证明$1+1=2$,就说明$1+1=2$是错的"……只是没有强有力的证据去证明或反证时,就认定某一观点是对的或错的,这是诉诸无知的诡辩,也是很多阴谋论者的神逻辑。

逻辑小课堂
诉诸无知

所谓诉诸无知,就是指断定一件事情是正确的,只因为它未被证明是错误的;断定一件事情是错误的,只因为它未被证明是正确的。

编撰于19世纪的一部百科全书里，曾经有这样的一段描述："太阳系一定在少于100万年前形成，因为就算太阳只是由煤和氧组成，以太阳释放能量的速度，在这段时间内燃料也必然会耗尽。"

百科全书得出这一结论，是基于当时没有发现比煤更有效率的燃料。现在看来，这一结论明显是错误的。在20世纪发现了辐射与核聚变反应后，太阳的年龄被估算为数十亿年。19世纪的那部百科全书，之所以会得出那个错误结论，是因为它犯了诉诸无知的谬误。

人类的认识是有限的，要证明一个事物的存在是非常困难的，更别说去证明那些我们根本没有听过、见过的事物。退一步说，就算是亲眼见过，也需要提供丰富的记录和证据才可以证明。面对诉诸无知的诡辩，我们该如何应对呢？

当杠精诉诸无知时，以其人之道还治其人之身。

当对方强调"你无法证明你是对的，所以不要跟我争辩"时，你可以反问："照你这么说，我无法证明你没有偷窃，就表明你偷窃了吗？"你用同样的逻辑谬误去反驳，对方也就无法再狡辩了。因为诉诸无知从一开始就是错的，从一个错误的观点出发，根本无法推出一个正确的观点。

请牢记：无知不是根据！

3-15 我只是偷了点儿东西，又没有伤人啊

我们都听过"知错就改，善莫大焉"这句话，人非圣贤，难免会犯错。可是，在如何对待错误的问题上，人与人之间的差别甚大：有人虚心接受、诚恳自批；有人表面不悦、内心却在自省；也有人非但不接受，还摆出自己的一套歪理，用诡辩的方式去证明——"我没错""事情没你说得那么严重""我也是有苦衷的"……显然，最后这种人就是不讨人喜欢的杠精！

为了证明"我没错"，为了证明"别人是错的"，杠精们通常会利用各种逻辑谬误来进行诡辩。现在，我们就把杠精们惯用的逻辑谬误一一揪出来！

逻辑小课堂
诉诸最差

诉诸最差，指的是用"这不是最差的""这不是最糟糕的"为借口来推卸自己的责任，开脱自己的罪责。诉诸最差是最无理的狡辩，是苍白无力的辩驳，根本站不住脚。

大跌眼镜
"我只是偷了点儿东西，又没有伤人啊！"

《三国志·蜀书·先主传》里有一句话："勿以恶小而为之，勿以善小而不为。"

意思是说，不要因为是较小的坏事就去做，不要以为是较小的好事就不去做。毕竟，小善也是善，小恶亦是恶。小善积多了就成为利天下的大善，小恶积多了也足以祸国殃民。

可在现实生活中，我们却经常看到与之相反的情景，并听到类似这样的辩驳：

"我就是偷了东西，又没有伤人！"

"我就是踹了那只猫一脚，它不过是个动物，又不是人。"

"我就是打了她几下，又没有把她弄伤。"

……

依照杠精的神逻辑，自己做的事情只是小恶，这样的行为不是最差的，还有更糟糕的情况，所以就可以忽略不计，就可以得到原谅。这样的逻辑，简直可笑至极！作恶与没作恶，是根本性质的问题；大恶与小恶，是严重程度的问题。如果任何事情都以"这不是最差"来诡辩，那么世间所有的恶行在诉诸最差之下，岂不是都变得可原谅、可饶恕了？

逻辑小课堂
诉诸规则以外

规则与例外，原本就是对立的。规则就是规则，例外就是破坏规则，破坏规则就要付出代价；既违反了规则，又不付出代价，这种相互对立的情况是不可能同时存在的。如果错误地认为，把一件事情作为例外，不代表规则被打破，就是诉诸规则以外的诡辩。

大跌眼镜
"请你相信我,那只是一个例外!"

阿懒终日游手好闲,自甘堕落,父母苦口婆心劝了他很久,却没什么效果。不上班,不赚钱,自然就入不敷出,无奈之下,阿懒就开始向周围的朋友借钱。

阿懒:"能给我1000块钱吗?我过一个月就还给你。"

朋友:"听说你从峰哥那边借的钱还没有还,有这回事吗?"

阿懒:"哎……是有这么回事。不过,请你相信我,那只是一个例外。你知道,我一直都是个守信用的人,我借你的东西从来都是准时还的,上学那会儿……"

朋友:"不好意思,我最近手头也有点儿紧,帮不了你,你再问问别人吧!"

请注意阿懒说的这句话——"哎……是有这么回事,不过,请你相信我,那只是一个例外……"他的意思是说,自己的确借了其他人的钱没有还,但那只是例外,不代表他是个不守信用的人。显然,这就是诉诸规则以外的诡辩。

逻辑小课堂
诉诸信心

诉诸信心，是指以信心作为论据的根基，而不是靠逻辑或证据支持。诉诸信心有两个误区：一是以他人对自己的信心为论据，这是一种诉诸非理性的论证方式；二是先让别人相信自己，而不是先拿出有力的证据，取得别人的信任，继而为自己赢得信心，这是一种颠倒的因果关系。

大跌眼镜
"你相信我吗？你相信我说的话吗？"

杠精："我心里特别烦，谁也无法理解我。"

你："怎么了？跟我说说。"

杠精："你相信我吗？相信我说的话吗？"

你："我都不知道你要说什么，怎么回答你呀？"

杠精："算了，你不相信我，我说了也没用！"

你："我没有不相信你，我得先听听你说的事情，才能做出判断。"

杠精："你为什么不能先相信我呢？你要不相信我，怎么可能明白我的心情？"

你：……

后面的对话，可能还会持续很久，甚至在最后说完事情的经过，你提出一些正常的疑问后，杠精又会折回到最初的话题："你这么问，是不是不相信我？""如果你不相信我，你就没办法体会我的心情……"然后，再次诉诸信心。

这样的诉诸信心，劳神又费力，对增强信任没有任何实际的用途。毕竟，一个人对另一个人的信任，不是建立在"我和你感情好"的基础上，而是建立在事实论据的基础上。真想让别人信任的话，与其反复地诉诸信心，不如多说一点诉诸真实的论据。要是没有真实的论据作基础，说什么都是苍白的！

逻辑小课堂
诉诸沉默

诉诸沉默，是指由于论点的主张者没有论证该论点，从而推论该论点是假的。实际上，论点的主张者没有论证其论点，可能是多方面原因所致；论点的主张者没有论证其论点的这个行为，并不能成为该论点为假的理由。

大跌眼镜
"你怎么不言语？是不是你乱动了？"

早晨——

杠精："这个打印机怎么不动了？"

你：……

杠精："你怎么不言语？是不是你乱动了？"

中午——

杠精："你懂日语吗？"

你："学过几年。"

杠精："你能不能帮我翻译一页东西？"

你："不好意思，我现在手里有工作，你问问别人。"

杠精："瞧，心虚了吧？"

傍晚——

杠精："你打错的字，是你潜意识里想表达的东西。"

你："不一定吧，有时候一句话里有错别字，这句话是解释不通的。就算是相同的按键顺序，用不同的输入法，打错的字也不一样。所以，打错的字，未必就是潜意识里的想法。"

杠精："如果不是潜意识想表达的，为什么会打错？"

你："那我就不知道了。"

杠精："所以，打错的字，就是潜意识想表达的东西。"

要是工作中遇到了这样的同事，真的是"气死人不偿命"！他们习惯性地秉持一个观点：你不说话，就是默认了！这属于典型的诉诸沉默，碰到这样的情况，请问问他们："警察审讯嫌疑犯的时候，如果嫌疑犯没有说话，警察能认定嫌疑人有罪吗？"

逻辑小课堂
诉诸人身

在驳斥他人的观点和结论时，如果忽略论证本身，而故意去攻击提出该观点的人或其代表的团体，就犯了诉诸人身的谬误。

大跌眼镜
"我的鸡蛋是臭的？你才是臭的！"

在农贸市场上，有一个女商贩正在卖鸡蛋。一位女顾客挑选鸡蛋后，觉得鸡蛋不太好，就说了一句："你这个鸡蛋怎么是臭的呀？"说完，就准备离开，再去别家看看。

没想到，这句话惹怒了女商贩，她大声斥责："什么？我的鸡蛋是臭的？你才是臭的呢！你的帽子和漂亮的大衣，大概也是用床单做的吧？谁会穿成你这样来出风头……"

在拉丁语中，人身攻击的意思是"向着人"，即反驳的观点不是针对论敌的论点，而是针对论敌本人，贬低、诽谤对方的思想主张、人格道德，甚至直接给对方贴标签、恶意谩骂。了解了这一逻辑谬误后，我们就要提醒自己：在辩论某一观点时，要对事不对人；如果某些杠精对我们进行人身攻击，不必与其争论，对这种无理的行为，拂袖而去即可。

▶ 3-16 你连死都不怕，还怕活着吗

网络上报道过多则"游客景区跳崖自杀"的新闻，比如，峨

眉山景区分局官方微博曾发布过一条警情通报，峨眉山景区分局金顶派出所接到群众报警：在峨眉山景区金顶"瑞吉山石"处，有一女子不顾他人劝阻跳崖。警方立刻展开了搜救，不幸的是，女孩被找到时已身亡。

事发多天后，网友在微博上传了女孩生前留下的遗书，第一句话便是"我得了一种病，叫抑郁症"，遗书中充满了压抑、痛苦和歉意，最后以一句"人世间的诸位，今生，我就走到这一程，再见"落笔。

女孩解释了，"我从来不是一个脆弱的人"，但却无时无刻不在被两种情绪所折磨——"选择解脱的死亡与背负家庭责任的苟且偷生"，可是最终，她还是选择了轻生。当这封遗书被公开后，有人理解，也有人指责，还有不少杠精说"风凉话"："你连死都不怕，还怕活着吗？"

不得不说，这又是一个"神逻辑"的典型。

"你连死都不怕，还怕活着吗"这句话的前提条件是——"死"是最坏的结果。可是对于抑郁症患者来说，死并不是最可怕的，他们正是因为"害怕"活着，才会选择结束生命。这个前提条件是存在争议的，所以这句话从本质上来说也是不成立的。

生活中有一些论证是依赖于假设的，即依赖于那些被认为理当如此的、有力的预设或背景信念。但是，如果论证一个存在争议的信念理当如此时，就犯了预设谬误。

逻辑小课堂
预设谬误

预设谬误，是指预先假设一个未经证明或虚假的前提，并在该前提下进行看似合理的推理。

然而，如果假设本身是存在问题的，那么结论自然也不成立。

预设谬误在推理时，总是基于某些假设，但大多数情况下，这些假设并不显示推理的理由，而被当作隐形的前提。由于其隐形功能，当最基础的前提出现很小的问题时，并不容易被人察觉。所以，许多杠精都喜欢利用这一谬误来进行诡辩。

预设谬误包含多种形式，接下来，我们结合一些案例分别来了解一下。

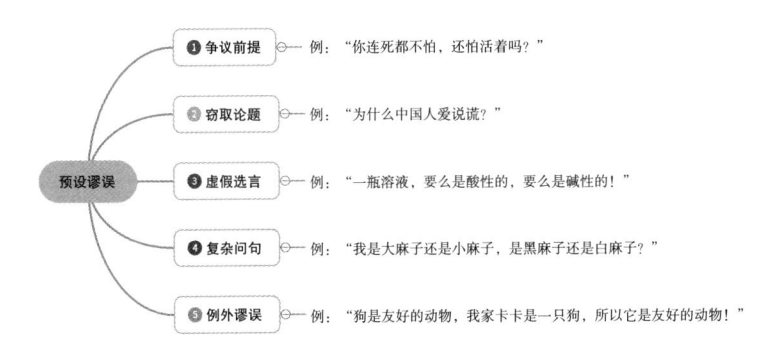

预设谬误
- ❶ 争议前提 —— 例："你连死都不怕，还怕活着吗？"
- ❷ 窃取论题 —— 例："为什么中国人爱说谎？"
- ❸ 虚假选言 —— 例："一瓶溶液，要么是酸性的，要么是碱性的！"
- ❹ 复杂问句 —— 例："我是大麻子还是小麻子，是黑麻子还是白麻子？"
- ❺ 例外谬误 —— 例："狗是友好的动物，我家卡卡是一只狗，所以它是友好的动物！"

逻辑小课堂
争议前提

前提1：在堕胎的过程中，胎儿被故意杀害了。

前提2：胎儿是无辜的人。

前提3：故意杀害一个无辜的人是谋杀。

结论：堕胎属于谋杀。

在上述的例子中，前提1是没有异议的，但是前提2却存在争议：胎儿到底是不是人呢？这是有争议的，所以不能用来作为论据，除非已有充分的理由来支持这个前提。

逻辑小课堂
窃取论题

窃取论题，通常是要求听者直接接受结论，而未给出任何真正有价值的证据，故意隐去某个重要却存在争议的假设。比如，"为什么中国人爱说谎？"在看到这个论题时，我们应当论证"中国人是否爱说谎"，但杠精可能会直接把"中国人爱说谎"这个命题作为事实来提问，其后也只就"为什么"来作答，而不去论证"中国人是否爱说谎"，这就是窃取论题。

逻辑小课堂
虚假选言

选言，是指有两个命题或"选言肢"的复合命题；虚假选言是指，选言推理中的选言前提虚假。最常见的情况是，选言前提没有穷尽，也就是选言前提中，没有把可能的几种事物全部列举出来，如"一瓶溶液，要么是酸性的，要么是碱性的"，这个选言前提中丢掉了"溶液是中性的"这一可能，犯了虚假选言的谬误。

逻辑小课堂
复杂问句

复杂问句，是指以问句预设了某些假设为真的方式来询问。这种谬误询问了一个只能够用"是"和"否"来回答的问题。当一个问句是复杂的，且掩藏着多个预设时，就必须逐个否定，不然就会导致对其他假设的肯定。

大跌眼镜
"我是大麻子还是小麻子，是黑麻子还是白麻子？"

清朝乾隆年间的才子庞振坤，以机智幽默著称，留下了不少有趣的传说。

有一次，两个差役找到庞振坤，对他说："你家养着的贼，偷了这一带财主的东西，现在在衙门候审。"庞振坤一听，就知道是他得罪的财主故意陷害。他心想，贼应该不认识自己，于是就跟着差役去了衙门。

到了街上，庞振坤向熟人要了一个纸盒，套在头上，把脸遮住，只在眼睛处留了两个小洞。庞振坤就以这个形象出现在大堂上，他对县官说："家里养了贼，实在是没脸见人呐！所以，才用纸盒遮住脸，大人莫怪！"

县官问那贼:"这就是你的主人?"

贼说:"是的。我在他家已经三年了。"

这个时候,庞振坤问那贼:"我庞振坤没什么名气,但我这'庞大麻子'的绰号可是远近闻名。你在我家里住了三年,你说说看,我是大麻子还是小麻子,是黑麻子还是白麻子?"

贼愣了一会儿,心想:还真是个厉害的家伙!我得说一个"活话儿"。于是,贼回答说:"你的这个麻子,不大不小,不黑不白!"

庞振坤笑着取下纸盒,说:"县太爷,您看我脸上,哪儿有麻子呀?"

原来,这是财主们买通的一个地痞混混。结果,此人被判了诬陷罪。

不难看出,庞振坤询问贼的那一句话——"我是大麻子还是小麻子,是黑麻子还是白麻子"是一个复杂问句。无论他怎么回答,都必须要承认这一虚假的预设,即"庞振坤脸上有麻子"。

在现实生活中,如果有人向你提出这种复杂问句,一定要注意辨别其中所包含的预设的真假。杠精们为了达到诡辩的目的,往往会刻意制造复杂问句,诱惑你落入他的陷阱。

逻辑小课堂
例外谬误

当一个论证判定某个情况符合某个普遍规则或原则,而事实上这是一个例外情况时，该论证就犯了例外谬误，这也是削弱论证的一种预设谬误。

一只名叫卡卡的狗，最近咬了主人的6个朋友，以及3个陌生的路人。然而，它的"杠精主人"却摆出这样的说辞：狗是友好的动物；我的卡卡是一只狗。所以，卡卡是一只友好的动物。

很明显，这是赤裸裸的诡辩！"狗是友好的动物"是真的，但这个规则对于卡卡来说并不适用，就算通常为真的原则也并不总是真的，有时也有例外。即使是最佳的原则也有例外，并且如果一个原则被滥用，也会产生例外谬误。至于那位"杠精主人"的推理，纯属赤裸裸的诡辩！

▶ 3-17　别那么担心，上前线作战的概率只有50%

我们在判断一个论点是否可信时，用来作为判断依据的应当只是该论点的真假，或是真假的可能性，需要听取与分析的是支持或否定论点的事实与证据。至于该论点成立或不成立将会带来怎样的影响，相信或不相信该论点可能导致怎样的后果，都跟判断本身无关，都不能作为证明论点是否可信的依据。

大跌眼镜
"你们有什么理由过分担心呢？"

相传，美国曾因战事，需要动员大批的年轻人入伍，可是美国青年过惯了安逸舒适的生活，害怕战场上的危险，纷纷抵制征兵令。为此，地方的行政长官很苦恼，不知该如何向上级交代，其中俄亥俄州的地方行政长官，先后被参谋长联席会议主席狠狠地训斥了五次。即便如此，他仍表示无能为力，说自己已经尽了全力，就是说服不了那些懦弱且意见纷杂的年轻人。

在这个节骨眼上，一位士兵毛遂自荐，说他可以帮助长官解决难题。行政长官半信半疑，但又没有更好的办法，就只好让这位士兵试一试。经过一番准备后，这位士兵来到征兵现场发表演讲。

"亲爱的朋友们，我和你们一样，都特别珍惜自己的生命。我想说的是，热爱生命是无罪的，因为每个人的生命都只有一次。摸着良心说，我也十分厌恶战争，恐惧死亡，如果要求我去前线，我也会跟大家一样，逃避这项命令。"

底下的年轻人见他说的话很"贴心"，也便安静下来，听他后续的演讲。

"有时候，我们需要换位思考。假如，今天我处在你们的位置，我在担心参军的危险之余，还存在一种侥幸心理，且这种侥幸不是凭空的：如果我服兵役，上前线的概率是50%，那么还有50%的概率留在后方；即使上前线，我作战的概率也是50%，还有50%的概率是成为某长官的贴身勤务员，留在安全区工作；

万一我不幸必须要扛枪上战场,那么我受伤的概率仍是50%;就算我不幸受伤,受重伤的概率依然是50%,还有50%的概率是轻伤,神会眷顾我。所以,我有什么理由过分担心呢?

"也许你会说,万一运气不好受了重伤怎么办?我想告诉你,医生会帮助我们,从死神的手里夺回我们的生命。当然,如果运气糟糕透了,不幸为国捐躯,那么我的家人会为我感到骄傲,我的父母会被授予一枚特别的勋章,还能够领取到一笔数额可观的保险金和抚恤金,邻家的孩子们会把我当成英雄一样膜拜。当我作为一名勇敢的战士来到天堂时,说不定还可以见到万人敬仰的华盛顿将军!"

听完这些话,底下的年轻人们受到了莫大的鼓舞,他们表示愿意赌一把。也许,他们是想成为英雄,被亲人、朋友、邻居铭记于心;也许,他们是家境不好,想着万一为国捐躯,还能给家人留下一笔可观的抚恤金……不管怎样,他们真的被说服了。

这位说服了年轻人入伍的士兵,也因此得到了长官的重用。

从演讲的角度说,这位发言者确实懂得换位思考的艺术,他所说的话也有一定的代入感和影响力。可是,从逻辑学上讲,我们却不得不将他称为"杠精"或"诡辩家"。因为,他的那番精彩演讲,存在着许多逻辑谬误,话里话外都在弱化战争的危险,强调入伍的好处。

让我们看看他的"神逻辑"中都有哪些谬误?

> **谬误1**："如果我服兵役，上前线的概率是50%，那么还有50%的概率留在后方！"

这是不符合逻辑的，因为上前线的士兵与留在后方的士兵数量不是绝对的1:1，上前线的士兵人数肯定比留在后方的人数多，这就意味着上前线的概率肯定要大于50%。

> **谬误2**："即使上前线，我作战的概率是50%，还有50%的概率是成为某长官的贴身勤务员，留在安全区工作！"

这也是一个谎言，因为作战的士兵数量与留在安全区的士兵数量不是相同的，前者的数量远大于后者，所以上前线作战的概率也远大于50%。

由此可见，士兵入伍后上前线作战的概率是很高的，而这也是美国政府征兵的主要目的。可是，在这段演讲中，它却被演说者弱化成了"50%的概率"，这一数据有很大的欺骗性！另外，他所做的"不幸受伤""受重伤""为国捐躯"等假设，都是在强调相对较好的结果，如身亡后可以成为英雄，为家人留下抚恤金。

逻辑小课堂
诉诸后果

诉诸后果是指，将支持或反对一个命题的有效性诉诸于接受

或拒绝此命题将产生的后果。仅仅因为一个命题会导致一些不受欢迎的结果，并不意味着这个命题是伪的；同样，仅仅因为一个命题会导致好的结果，也不能让它变成真的。

结果的好坏，不能传递到原因。如果生活中有人试图以好或不好的结果来说服你，那他就犯了诉诸后果的谬误。因为他不是通过正常的逻辑来证明自己的观点，以达到说服的目的，而是通过告知你会有怎样的后果，以达到引诱、哄骗、威逼等目的，最终让你屈服于他的观点。

▶ 3-18 购买日本货，就是不爱国吗

你新买了一辆日本丰田轿车，新鲜劲儿还没过，楼下的"杠精"邻居就来给你泼冷水："你们这些年轻人就是想不明白，你买日本车，日本公司就会盈利；日本公司盈利，日本公司就会发展壮大；中国公司就被挤占了市场。你买日本货，就是不爱国！"

这一套推理如同行云流水，说得你哑口无言。但是，这番话真的符合逻辑吗？

逻辑小课堂
滑坡谬误

在逻辑学上，滑坡谬误是指用一连串的因果推论，夸大每个

环节的因果强度，将"可能性"转化为"必然性"，最终得到不合理的结论。所谓"滑坡"，就是一路下坡的状态，第一个结论不合理，然后根据这个不合理的结论去推下一个结论，必然无法得出正确的结论。

大跌眼镜
"孩子上不了好学校，将来就会学坏……"

印度电影《起跑线》中，凭借自己的努力上升为中产阶级的拉吉夫妇，为了让孩子接受好的教育而四处奔忙。拉吉的妻子米图，特别不愿意让孩子重复他们年少时的读书经历，一心想让孩子远离他们曾经受教育的学校，每次丈夫拉吉对孩子上学的问题发表与她不一致的言论时，米图就会抓狂，哭丧着脸，周而复始地开始那一段经典的碎碎念：

"孩子上不了好的幼儿园，就进不了好的中学；进不了好的中学，就没法考上好的大学；考不上好的大学，就不能进入跨国公司找一份好工作……这样孩子就会被同伴撇下，那孩子就会崩溃，最后孩子就会学坏，然后吸毒……"

每每听到"吸毒"这样的结局，拉吉就被妻子吓得不行，赶紧认同她的想法。然而，屏幕外的我们，却是哭笑不得：这位女主角把中产阶级因子女上学之事展现出的焦虑，以及她那糟糕至极的信念，演绎得淋漓尽致。搞笑之余，也是令人感慨。

就算孩子上不了好的幼儿园，最后的结果一定是学坏加吸毒

吗？当然不是，可是女主角米图却将其视为必然，她那一连串的"碎碎念"，就属于滑坡谬误。

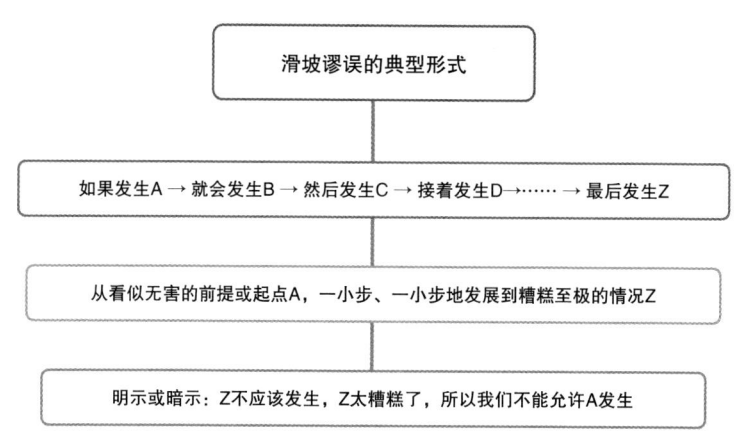

```
┌─────────────────────┐
│   滑坡谬误的典型形式   │
└─────────────────────┘
           │
┌──────────────────────────────────────────────────┐
│ 如果发生A → 就会发生B → 然后发生C → 接着发生D…… → 最后发生Z │
└──────────────────────────────────────────────────┘
           │
┌──────────────────────────────────────────────────┐
│  从看似无害的前提或起点A，一小步、一小步地发展到糟糕至极的情况Z  │
└──────────────────────────────────────────────────┘
           │
┌──────────────────────────────────────────────────┐
│    明示或暗示：Z不应该发生，Z太糟糕了，所以我们不能允许A发生    │
└──────────────────────────────────────────────────┘
```

上述的推理，为什么会构成谬误呢？并不是因为支撑论证的因果链条太长。在现实生活中，的确存在这样的情况，即一连串的复杂因果相互关联，从第一个原因出发得到了极端的结果，"蝴蝶效应"就是一个典型的案例。

滑坡谬误真正的问题在于：每个"坡"的因果强度是不一样的，有些因果关系只是可能，而不是必然；且有些因果关系很微弱，甚至是未知的、缺乏证据的。即便A真的发生了，也无法一路滑到Z，Z并非必然发生。所以，在没有足够的证据之前，不能认定极端的结果必然会发生。

如果在生活中碰到杠精利用滑坡谬误展开言语攻击，我们该如何应对呢？

```
应对滑坡谬误 ── 回归效应
            └─ 集中议题
```

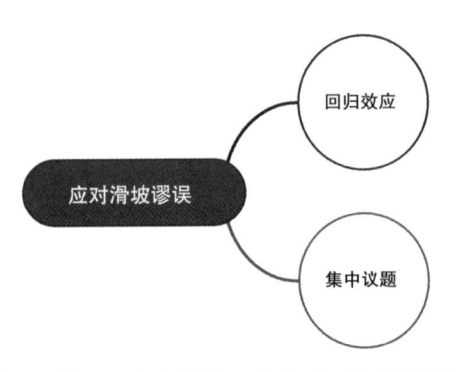

回归效应，类似于波动曲线波峰波谷中间的横线，无论波动起伏的幅度如何，都要以这条线为基准，走到极端便意味着要回归正常值了。我们一定要把握好回归的时机，不能让"无理的推理"越走越远。

集中议题，是指一次只讨论一件事。以实际生活为例，本来解决的是眼前的小事，那就不要总翻旧账，一路滑坡就扯得太远了。

总而言之，滑坡谬误在某些情况下产生的说服力是不可小觑的，它可以把许多不相干的东西掺杂起来。所以，当杠精试图用这一谬误进行诡辩或言语攻击时，要多运用回归效应和集中议题，理清思路，切勿被杠精的"神逻辑"带偏，不自觉地将事情往最坏的地方联想，徒增焦虑。

▶ 3-19 结婚了，就不能和其他异性说话了吗

说起"稻草人"，大家应该不会感到陌生，它通常被放在

庄稼地里，穿上人类的衣服，远远看去就像一个"真人"。放置稻草人，是因为种田人无法时刻守在庄稼地旁边，只好借助稻草人这个道具，来吓走飞禽走兽。知道了"稻草人"的由来和用途，我们再去了解逻辑学上的"稻草人谬误"，就相对容易多了。

逻辑小课堂
稻草人谬误

稻草人谬误，是一种比较常见的"不相干谬误"，即一种论证的前提与结论之间毫无逻辑关联的不当推理方式。在辩论过程中，为了反驳对方的立场，而歪曲、夸大或以其他方式曲解之，使被攻击的不是对方的真实立场，而是更容易被批判或拒绝的立场，就属于稻草人谬误。

稻草人谬误发生的过程就好比：A想要反驳B，就在B的旁边故意树立起一个稻草人代表对方，然后以攻击稻草人来冒充对对方的反驳。稻草人谬误，通常并不是无心之过，而是刻意歪曲对方的论点。

大跌眼镜
"结婚了，还不能和其他异性说话了？"

你说："结婚了就要和其他异性保持一定的距离。"

杠精说："那我还不能和别人说话了啊！"

如果你不了解逻辑学，多半会顺着他的思路与之进行争辩，大费一番口舌。如果你了解逻辑学中的"稻草人谬误"，就会意识到，杠精为了反驳你的真实观点——"结婚后要认清自己的身份角色，和其他异性相处时要懂得避嫌"，故意树立了一个稻草人——"结婚后不能和其他异性说话"，以此曲解你的原意。

大跌眼镜
"既然那么穷，就别生孩子了呀！"

网络上报道过这样一个事件：1995年，四川省遂宁市蓬南镇三台村村民何洪在上海打工时，组建了一个家庭。截至2012年7月，何洪与妻子共生养了11个孩子，几乎所有的孩子都上了户口，妥妥地上演了一出现实版的"超生游击队"。

在接受记者的采访时，何洪解释说："存钱不如存人，多一个孩子就多一分希望，只要一个孩子有出息了，再带带其他的兄弟姐妹，一家人的命运就都改变了，也能为国家多做点贡献。"

这篇报道问世后，网友们对何洪夫妻两人的超生行为展开了猛烈的指责和攻击："为什么那么穷还要生孩子？""既然那么穷，就别生孩子了呀！""穷还养不起孩子，何必要生下来让他们受苦？"总而言之，愤慨的网友们大都在表达同一个心声：你那么穷，为什么要生孩子？

"穷就不能生孩子"，这个观点成立吗？

从现实层面来说，并不是所有人都是富家子弟；无论贫穷贵贱，都有生儿育女的权利。贫穷与生孩子之间，并没有直接的联系。这句话中隐含着另一层的极端思想，那就是"只有富有的人才可以生孩子"，并妄图使所有在穷的时候生孩子的人陷入不负责任的境地。

根据2018年9月21日最新的统计数据显示，全球有7.5亿人处于贫困线以下，按照"穷就不能生孩子"的观点来看，难道他们都不能生孩子吗？显然，这是不可能的，这样的说法是一种道德绑架，也是一种无意义的指责和侮辱。

从逻辑学上来说，这句话也是有问题的："穷"是表示人的财富状态；"生孩子"是表示人的生育状态，将这两类状态强行拼接，放在同一句话中，就歪曲了本意，造成了歧义。

论证观点时要对事不对人，紧紧围绕给定的论点论证。如果为了削弱对方的论证而故意歪曲其论点，就犯了稻草人谬误。想要在生活中最大限度地避免稻草人谬误，需要我们站在真实的立场去思考问题，秉持平和的心态，减少使用歪曲、夸大以及其他的曲解方式来攻击他人更容易被批判或拒绝的立场，一切用事实和证据说话。

如果有人对你声情并茂地讲起某件事或某个人时，切记不要被那些扭曲的、颠倒是非黑白的语言影响！要知道，吓唬野兽的那些"稻草人"，无论看起来多么逼真，也不是真实的人。我们要用正确、理性的方式，去对待身边所见闻的人和事。

▶ 3-20　说和劝说

一位总统候选人在演讲中这样说道：

"我们政党在保护妇女权益方面，已经取得了巨大的成就。事实上，有一位受益人就在我们的听众当中，她叫苏珊，今年42岁，来自俄亥俄州的一个小镇。在我们的帮助下，她已经在一家福利院找到了一份工作。现在，苏珊女士，请你站起来，跟大家打个招呼，好吗？"

这位总统候选人，说这番话的目的是什么？

显然，他有自己的明确目的，那就是宣扬自己的公德，希望劝服大家在竞选中投他一票。虽然他没有说出这样的话，但他的目的不言而喻，这种情况就属于"劝说"。

判断一个人说的话是否是劝说，要看他的目的性强不强。如果遇到问题，就让当事者对其他人的盲目行为负责，就犯了"说即劝说"的逻辑错误，这是对某些无辜当事者的伤害。

逻辑小课堂
说即劝说

在逻辑学上，有一种谬误叫"说即劝说"，它的逻辑思路就跟上述记者所犯的错误如出一辙：你说了某些话，做了某些事，别人听到你说的，相信你的话，相信了这件事，所以你要为别人盲目相信这些话、相信这件事而负责。

按照这一"神逻辑"：如果我们参加唱歌比赛，得了第一名，第二名的选手心情郁闷，一时间想不开选择了轻生，那作为第一名的我们，就该为第二名选手的自杀负责。因为，如果我们没有获得第一名，那他就是第一名，他就不会郁闷，也不会自杀。试问：这种逻辑有道理吗？能说得通吗？

毋庸置疑，没有道理，也说不通！这一逻辑的错误就在于——"说"不等于"劝说"！说，可能只是随口一说，没什么特别的目的，但劝说不一样，它有明确的目的。易中天"品三国"，只是出于对历史的爱好，做出的一种知识性的分享，而没有强调自己对三国历史的评价是真理。所以，他只是"说"，而不是"劝说"。

逻辑推理游戏
谁说得对

汤姆和杰森一起看一本漫画书，汤姆指着书的页码说："我们现在看的这页，左右两页页码的和是132。"杰森说："不对，左右两页页码的和是133。"你觉得，他俩谁说得对呢？

（答案：杰森说得对！书的左边都是双数页码，右边都是单数页码，右边页码都比左边页码多1，根据"单数+双数=单数"的规律，可以判断出左右两页页码的和一定是单数。）

▶ 3-21　如果再给我一次机会，我一定……

如果你看过《大话西游》，肯定对至尊宝的那段深情独白记忆犹新——

"曾经，有一份真挚的爱情摆在我面前，我没有珍惜，等到失去才后悔莫及，人世间最痛苦的事莫过于此。如果上天能够给我一次再来一次的机会，我会对那个女孩子说三个字：我爱你。如果非要给这份爱加上一个期限，我希望是一万年。"

这份告白听起来真挚动人，又带着丝丝的伤感与悔恨，实在令人感动。可是，感动之后呢？还是要面对错过与失去的现实。说到底，这不过是一种美好的假设，现实是无法改变的。退一步说，就算假设成真了，一切就都能兑现吗？

逻辑小课堂
无理假设

进行科学的假设是研究各领域不可或缺的方法，如果假设不科学，就会演变成一种极端的无理假设。人们在生活中特别喜欢做无理的假设——抚慰内心，平缓情绪，幻想未来，表达悔恨。

生活中，媒体时常会曝光一些与家庭暴力有关的事件，施暴者在实施暴力行为后，通常都会向受害者表达"悔意"，大致的论调就是："我不是故意的，如果再给我一次机会，我一定不再打你，我保证……"言辞之恳切，态度之真诚，往往就让受害者的心软了下来，继而选择相信他们。

后来的情况又是如何呢？想必你也猜到了，绝大多数的施暴者在下一次情绪失控时，依然会重复过去的行为，甚至会变本加厉地殴打对方。他们当初的假设，完全是虚无缥缈的，得到原谅之后，一切一如从前。

所以，面对一些人悔恨时的假设，一定要保持冷静和理智的态度，切不可轻信和心软。要知道，那有可能是一种逻辑谬误，今天的你选择了相信，明天的你可能还要继续承受原来的痛苦。

▶ 3-22 看来你注定就不是"吃这碗饭"的料

当你没有做好某件事情时，是否有人曾直截了当地下结论说"看来，你注定就不是吃这碗饭的料"，让你既尴尬，又生气，还有一点儿怀疑自己？

大跌眼镜
"看来你注定就……"

情景1：一位年轻的妈妈，本身是舞蹈老师，平日对其他孩子都很有耐心，唯独在教自己女儿跳舞时，总是特别苛刻。女儿有个动作做得不太理想，妈妈就失去了耐心，说道："教了你多少次了，这么简单的动作都做不好！看来你注定就不是吃这碗饭的料！"

情景2：你在驾校学习开车时，总是因控制不好离合器而熄火，或在倒车时判断不好方向。面对这样的情况，你本来就很紧张，也担心被教练说。这个时候，教练还真就给了你两句："你这操作能力也太差了点儿，将来怎么上路啊？看来你注定就是不适合开车的那类人。"

情景3：周沫很喜欢写作，经常给各个杂志社、网络媒体投稿，但屡次被拒。朋友见她闷闷不乐，就劝道："不是所有人都能成为作家，你投了这么多篇文章，一篇也没有被录用，还是放弃吧，看来你注定就不是靠笔杆子吃饭的人。"

无论是孩子还是成人，如果总是遭到上述这种恶意的批评，都很容易变得没有自信，自我价值感也会降低。我们必须要清楚的是，上述的这些批评其实是毫无道理的，是不合逻辑的。

逻辑小课堂
过度引申

因为某方面的一些差错，就否定一个人在这方面的天赋，认为他不可能取得成就，这是一种逻辑谬误，叫作过度引申。

请记住：一次或几次小小的失误和错误，不能推导出一个人在这方面不可能有成就。新手上路时，都会遇到熄火的情况，但后来也能开车开得很熟练；多少知名的作家，在成名之前，也遭到过多次退稿，但这并不意味着他的写作能力有问题，也不代表他无法成为作家。

错误可以改正,缺陷可以弥补,能力可以提升,失败可以战胜。不随意否定自己,不随意否定他人,用发展的眼光看待自己、看待他人,这才是理性的思维方式。

▶ 3-23 您只要付全款的 10% 就可以了

美国有一例健康食用黄油的广告宣称,他们的黄油是由经过巴氏杀菌法处理的乳酪制成的,而这些乳酪又是取自经结核菌素试验的牛群。听起来好像很有吸引力和说服力,但实际上,几乎所有在美国出售的黄油都必须满足上述的条件!可是,这则广告却没有指出这一点,从逻辑上来说,它犯了隐瞒证据的谬误。

逻辑小课堂
隐瞒证据

隐瞒证据,也称采樱桃谬误,是指像采樱桃那样专门选好的樱桃摘,比喻有选择性地说话,只呈现美好的部分,而把不利于自己的那些话藏起来。

在销售过程中,有些业务员为了尽快达成交易,会有选择性地摆出论据,只挑对自己有利的话来说。实际上,这就是利用了逻辑学上的采樱桃谬误。

大跌眼镜
"您只要付全款的 10% 就可以了！"

某售楼处的一位售楼小姐，正在向一位中年阿姨推销房子。

通过简单的交流，售楼小姐得知阿姨近期迫切地想入手一套房子，给儿子当婚房。于是，她向这位阿姨介绍了房子的楼层、格局、面积、朝向等一系列内容。阿姨听了半天，还是云里雾里，就跟她说："这样吧，你带我去现场看看，看过之后，我心里才有底。"

售楼小姐带阿姨来到小区后，阿姨提出这个房子周围的环境不太好，说："你看，这附近就是火车站，每天有多趟火车经过，太吵了。"

售楼小姐赶紧解释说："阿姨，您有所不知，咱们这离火车站近，出门乘坐火车很方便，要是您儿子出差，下火车后很快就到家了，都不用打车了。您说是不是？现在，有不少人专门挑这附近的房子呢！况且，这儿的房子升值空间很大。"

听到售楼小姐这么一说，阿姨觉得也有道理，就接受了这房子的位置。但很快，她又发现了一个不满意的地方："我要给儿子买婚房，但这里的主卧没有卫生间，这不方便啊！上个厕所还要跑来跑去，冬天更是麻烦啊！"

售楼小姐笑着解释："阿姨，从风水学上讲，卧室是清净休息的地方，而卫生间是污秽的场所，在卧室里设卫生间，其实对人的身体是不太好的。您想，卫生间里潮气很重，设在卧室，不影响卧室的空气质量吗？"阿姨点点头，觉得这姑娘说得是那么回事。

最后，售楼小姐对阿姨说："您看，这房子的格局、面积，您都挺满意的。要不，咱们把售房合同签了？签了之后，您就能拿钥匙了，也能提早安排装修，甚至明天就可以动工。结婚是大事，总得提前准备，您说是吧？"

阿姨说："没错，那首付款是多少？"

售楼小姐说："通常，首付款是购房全款的30%，我们现在有优惠活动，只要支付购房全款的10%就可以了。这套房子的总价是200万，您支付20万的首付就行了。"

阿姨一听很高兴，说："20万就能买房了啊？太好了！"

就这样，阿姨签了购房合同，交了20万的购房款。签完合同之后，售楼小姐又告诉阿姨："剩下的购房款，您可以通过房贷的形式来支付，每个月支付13700元的贷款，还贷20年就行了。"

"啊？每个月还13700元？这不是要人命吗？我哪儿有能力每个月还这么多钱！你为什么不早点告诉我？要是早知道……"阿姨懊恼不已，责怪售楼小姐没有说清楚，结果双方陷入了扯皮之中。

售楼小姐始终在强调房子的种种好处，哪怕客户提出了异议，她也巧妙地自圆其说了。她的目的很明确，就是给买家造成错觉，让对方误以为房子真有她说得那么好。当然了，那位买房

的阿姨也比较粗心，连最起码的贷款买房常识都不了解，只听到"首付20万"就冲动地签了合同。这也提醒我们，在作出购买决定之前，一定要了解好产品的优缺点，深思熟虑之后再购买。

▶ 3-24　你现在还会殴打妻子和孩子吗

有时候，我们会在生活中碰到这样的人，他会在提问的时候故意加入诱导的成分，比如，"你喜欢日剧还是韩剧？""你是吃汉堡还是火锅？"看似是在询问你的意见，但其实已经将你的思考方向限制在某个范围内，在问题中已经包含了答案。类似这样的情况，叫作诱导性提问。

逻辑小课堂
诱导性提问

诱导性问题，是提出缺乏理由或无法接受的假定，其目的往往是回避某个问题，并诱导出自己想要的答案。

在日常生活中，无论是"喜欢日剧还是韩剧""吃汉堡还是火锅"，都算不得什么大事，也很少有人会对这些问题进行刻意分析。但如果换一个场景，在法庭上，像这样问话却是不被允许的，因为它已经预先设定了正确答案，或是带有某种暗示，让人倾向于回答某种答案。律师会提出异议，指出这是一个"诱导性问题"。

就像这个问话:"你现在还会殴打妻子和孩子吗?"

无论被告回答"是"或"不是",都等于默认了殴打过妻子和孩子的事实。所以,辩护律师听到这样的问话后,通常会抗议说:"诱导性问题。假定的事实不是证据,被告殴打妻子和孩子的事实尚未得到确认。"

再如这个问话:"看到车前灯破掉的时候,你人在什么地方?"

此时,律师也会抗议说:"这是诱导性提问。假定的事实不是证据,车前灯破掉的事实还没有得到确认。"而另一方必须要重新提问:"你有没有看到破掉的车前灯?"

所以,我们一定要格外留意这种暗示或未明示的假定。如果有人对你说:"你不认为这么想是合理的吗?你不觉得这有可能发生吗?"请让你的大脑保持清醒,对方很可能在诱导你,让你跟着他的思路走,千万别被忽悠了。

▶ 3-25 可能存在简单的答案?别做梦

在遇到一些必须面对和解决的问题时,我们都希望有简单的答案。这样的话,我们就可以从麻烦中脱身,可以去看书、看电影,或者出游、健身。遗憾的是,现实并不如人意,在绝大多数情况下，没有简单的解决方式。

为什么简单的答案通常都不存在？原因就在于，简单的问题几乎是不存在的，我们必须面对的重要问题，绝大多数都是复杂的。而且，不只是简单答案不存在，随着文明的推演，我们必须处理的争议也变得越来越复杂，答案自然也就随之更加复杂。

当然了，这不一定是坏事，它也许更能激发我们的创造力。

正因为简单答案不存在，所以我们不能随随便便地就接受任何简单答案，尤其是回答复杂问题的简单答案。近年来，投资者们付出了巨大的代价，才得到了这个教训：凡是容易口耳相传并被很多人使用的股市赚钱法，往往因为过于简单而无法持续有效。

复杂的问题通常很难简单回答，因为必须要多角度考虑。有些人之所以一再受骗，就是因为相信可能存在简单答案，甚至相信自己可以找到简单答案。结果，他们作出了错误的决策，或采取了不当的举动。

大跌眼镜
发国难财的骗子们

美国"9·11事件"发生后数小时，有些骗子就开始利用这个机会发国难财！

他们打电话给成千上万的民众，要求他们提供信用卡号与社会安全号码，理由是世贸中心的倒塌让这些数据遭到损坏。这些打电话的骗子，声音听起来非常文雅、专业、可信，且他们说的内容也合情合理。但是，如果接听电话的人能够停下来思考15秒钟，就会发现不对劲。他们没有思考和追问：为什么有人着急要这些资料？难道金融机构在其他地方没有数据的副本吗？为什么是纽约的人打来电话，而不是地方的银行人员？

在上述事件中，骗子利用了人们希望立刻采取行动的心理，即便他们提出的理由很愚蠢，很荒谬，甚至人们知道或应该知道那些理由是错误的、不恰当的，但还是选择了相信。骗子宣称，这些方法能够以简单的方式解决复杂的问题，而人们相信了。

面对复杂问题，多数人宁愿沉溺在无知中，宁可要一个简单而无负担的答案。他们不愿意进行正确思考，因为太费脑筋；就算能够正确思考，他们通常也不愿意按照思考得出来的结论来行动。这实在令人难过。但愿，我们可以记住这个重要的原则和教训：简单的答案不存在，切忌不假思索地接受任何简单答案，尤其是那些回答复杂问题的简单答案，以免落入陷阱。

▶ 3-26 抽外形纤细的烟，能让身材变纤细吗

联想，是大脑学习事物的基本原则：一旦两个对象在意识中牢牢地联结在一起，每当我们看到其中一个，就会想起另一个。从某种意义上说，我们需要感谢联想机制，它让人类心智产生了伟大的成就，创造了文学、艺术和音乐，也促进了科学发展。但

从另一个角度来说,我们也要警惕联想机制,它可能会被别有用心的人利用,将我们引入"误区"。

大跌眼镜
抽外形纤细的烟,能让身材变纤细吗

维珍妮细烟的广告,拍摄得颇具吸引力。

维珍妮,既是香烟品牌的名字,也是女性的名字。这个名字经常和年轻漂亮的美女一同出现在画面中,让人很自然地产生了"画面中的女子叫维珍妮"的联想,而这恰恰是广告商所希望的。

再看"细"这个字,它准确地描述了这种香烟的外形要比其他品牌的香烟细,但同时它也会让人想到纤细,如纤细的腰围、纤细的身材。

这样的设计,无疑让人们产生了固定联想,而这也是广告商希望人们产生的联想:维珍妮香烟似乎能够让广告中的女子变得纤细(广告中的那名女子比现实中的多数女子要瘦),推而广之,抽维珍妮细烟可以让女性身材变得纤细。

在同一脉络中使用具有两种不同意义的字词或措辞,却又不做任何区分,这种做法很容易产生"双重意义"。维珍妮细烟初次上市时,它在广告中显示的双重意义,就让美国联邦贸易委员会感到头疼。可是,烟草公司成功地让委员会相信,香烟名称合理陈述了事实,维珍妮香烟确实比其他牌子的香烟更加纤细。可

惜，这个理由并没有减少人们可能产生的固定联想。

很显然，维珍妮烟草公司的说法是不合理的。通常，吸烟者的体重会比同年龄、同性别的不吸烟者要轻，但这并不是重点。重点是，借由固定联想，广告商希望我们看到维珍妮细烟时能够联想到——年轻、性感、纤细、端庄，这才是他们的目的。

既然了解了"固定联想"，今后在面对此类问题时，我们就要多一点理性和辨别能力。在缺乏证据的状态下接受隐含假定，会让我们的思考走上错误方向。如果我们接受有争议的观点，或在缺乏证据的情况下，理所当然地相信某件事是真的，那么很有可能，是我们是在回避问题。

| 辑四 | 秒杀杠精的终结者
思考富有逻辑，表达无懈可击 |

▶ 4-1 听起来晦涩的逻辑思维，没有你想得那么难

逻辑思维，是人们在认识事物的过程中借助于概念、判断、推理等思维形式能动地反映客观现实的理性认识过程，也称抽象思维。简单来说，就是建立在因果关系之上的反映客观现实的思维方式，具有规范、严密、确定和可重复的特点。

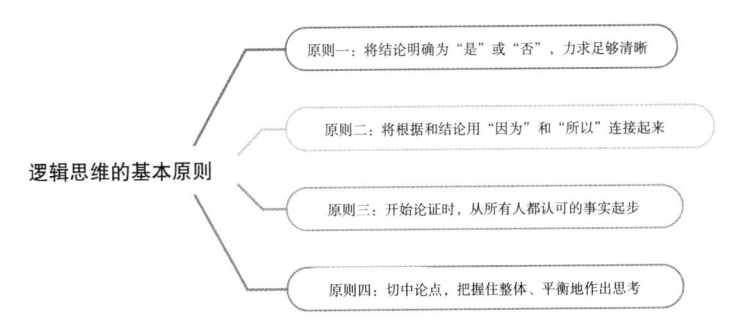

逻辑思维的基本原则
- 原则一：将结论明确为"是"或"否"，力求足够清晰
- 原则二：将根据和结论用"因为"和"所以"连接起来
- 原则三：开始论证时，从所有人都认可的事实起步
- 原则四：切中论点，把握住整体、平衡地作出思考

听起来有些晦涩、复杂，但其实它并不是一项高难度的专业技能，想拥有它也不需要做什么特殊训练，只要理解一些要点，通过练习抓住诀窍，我们都能够掌握这项技术。

顾彼思商学院在《MBA轻松读·逻辑思维》一书中指出：

逻辑思维有四条基本原则，只要有意识地遵循这几条原则来思考，就能够自然而然地构筑起逻辑思维。接下来，我们就详尽地了解一下顾彼思商学院提出的这四条基本原则。

原则一：将结论明确为"是或否"，力求足够清晰。

逻辑思维的第一条基本原则，就是将结论明确为"是"或"否"，也可以理解为"做"或"不做""向左"或"向右""可行或不可行"等，关键在于结论必须清晰明确，切忌暧昧不清。

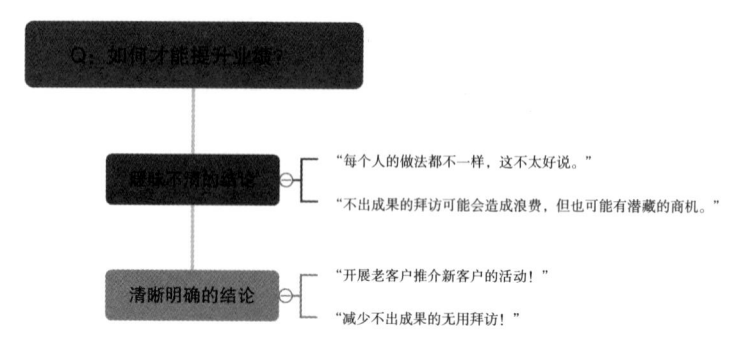

```
Q：如何才能提升业绩？
    │
    ├── 暧昧不清的结论 ──┤ "每个人的做法都不一样，这不太好说。"
    │                    └ "不出成果的拜访可能会造成浪费，但也可能有潜藏的商机。"
    │
    └── 清晰明确的结论 ──┤ "开展老客户推介新客户的活动！"
                         └ "减少不出成果的无用拜访！"
```

养成逻辑思维的目的之一，就是要高效地得出结论；要是给出一个"都可以"的主张，很难令人信服。基于事实展开的论证，无论讨论得多么充分，只要结论不明确，都是没有意义的。另外，在逻辑思维中，不能从最初的论点直接跳到结论，而是要以事实前提为基础进行一系列判断。这就要求，其中的每一个判断，也必须清晰明确。当掌握的情况和资料不足，无法作出判断时，就要思考该如何搜集信息，这是一种思维训练，也是解决问题的方法。

原则二：将根据和结论用"因为"和"所以"连接起来。

关于逻辑思考，我们可以这样来理解——理清条理，分阶段作出判断。

什么叫"理清条理"呢？就是将根据和结论用"因为"和"所以"连接起来。

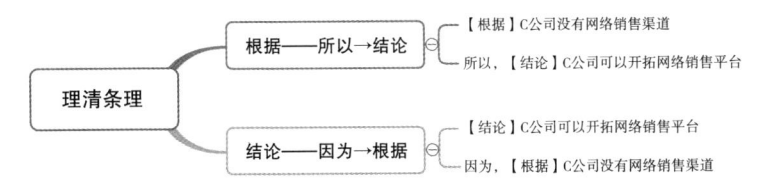

```
                根据——所以→结论  ┤【根据】C公司没有网络销售渠道
                                   └ 所以,【结论】C公司可以开拓网络销售平台
理清条理 ┤
                结论——因为→根据  ┤【结论】C公司可以开拓网络销售平台
                                   └ 因为,【根据】C公司没有网络销售渠道
```

无论看起来多么复杂的逻辑展开，只要按照顺序思考就会发现，它们不过都是根据上述这两种思考结构不断地进行累积；而连接根据和结论的方法，分别是演绎法和归纳法。

所谓演绎法，就是通过事实和普遍法则来推导出结论。

所谓归纳法，就是着眼于观测到的多个事实的共通项，并由此导出结论。

将根据和结论恰当地连接起来，是逻辑思维的第一步，也是不可或缺的一步。完成这一步后，再考虑第二步的严密性，即根据有多可靠、结论有多强的说服力。

原则三：开始论证时，从所有人都认可的事实起步。

逻辑的展开，等于根据和结论的不断积累。

当有了"结论——因为→根据1"的逻辑,接下来的逻辑就是"根据1——因为→根据2",经上述过程的不断重复,就可以追溯到最根本的根据。需要说明的是,这个根据必须是事实!

同样,利用"根据——所以→结论"来推导,也必须"从事实出发",即:"根据(事实)——所以→ 结论1——所以→结论2……→决策(最终结论)。"

逻辑思维中提到的事实,是指现实情况和大众普遍接受的道理、原理和原则。

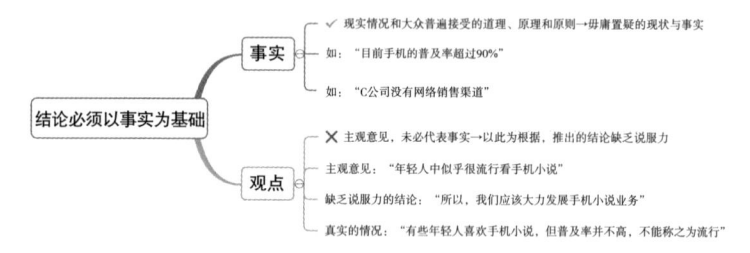

```
                        ✓ 现实情况和大众普遍接受的道理、原理和原则→毋庸置疑的现状与事实
                 事实 ── 如:"目前手机的普及率超过90%"
                        如:"C公司没有网络销售渠道"
结论必须以事实为基础 ┤
                        ✗ 主观意见,未必代表事实→以此为根据,推出的结论缺乏说服力
                 观点 ── 主观意见:"年轻人中似乎很流行看手机小说"
                        缺乏说服力的结论:"所以,我们应该大力发展手机小说业务"
                        真实的情况:"有些年轻人喜欢手机小说,但普及率并不高,不能称之为流行"
```

那么,如何来判定事实呢?

第一,我们观察并确认到的现实情况,属于有效的事实。你听说"某市场正在扩张"的消息,不代表这就是事实,你需要进行实地调查,才能判断这一情况是否属实。

第二,以数字呈现的关于具体情况的信息,也属于事实。只不过,在使用数字和数据时要注意:有时数据本身没有问题,但未必能够体现真实情况,最常见的例子就是数据过时;还有一种情况是数据本身很可靠,却不能够作为根据,以各国人均占有降水量的数据为例:澳大利亚的数字非常高,但不能以此为根据得出"澳大利亚水资源充足"的结论。因为澳大利亚土地面积广,

整体降水量大，但有大量无人居住的区域，事实上多数的澳大利亚人都被缺水的问题困扰。

> **原则四：切中论点，把握住整体、平衡地作出思考。**

思考的时候，最先要明确的就是论点，如果不围绕关键的论点进行逻辑展开，所做的一切都是徒劳的。同时，不能局限于片面的情况，仅仅从一个事实得出的结论是经不起推敲的，必须要通观全局、在没有遗漏重要论点的情况下作出判断。所以，要把握好整体，平衡地作出思考。

那么，怎样来把握整体呢？在此，推荐逻辑思维中常用的MECE法则。

逻辑小课堂
MECE 分类法

MECE的全称是Mutually Exclusive Collectively Exhaustive，意思是"相互独立、完全穷尽"，即所谓的"无重复、无遗漏"。这是芭芭拉·明托在《金字塔原理》中提出的一个重要法则，要求在将某个整体划分为不同的部分时，必须保证划分后的各部分符合两点要求，即"各部分之间相互独立""所有部分完全穷尽"。

MECE法则在分析解决问题，或是对复杂事物进行分门别类时，有着特别的优势。只有做到不重复、不遗漏，我们思考问题才能更系统、更全面。MECE有五种分类方法：

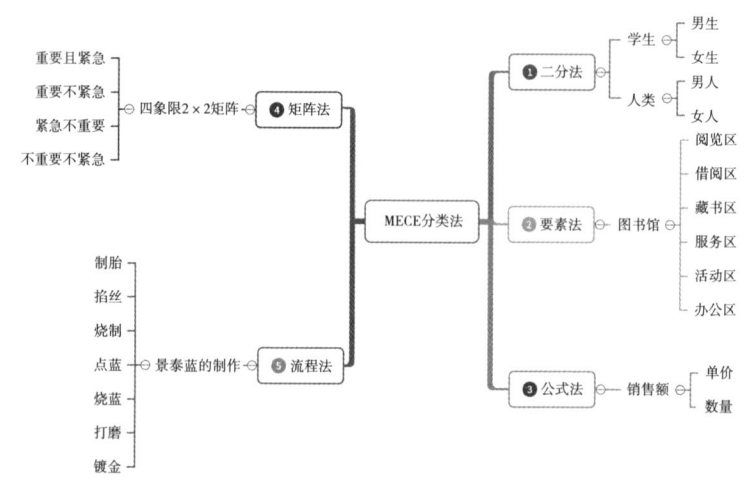

```
                          ┌─学生─┬─男生
                  ┌─❶二分法─┤      └─女生
                  │       └─人类─┬─男人
                  │              └─女人
  重要且紧急─┐              
  重要不紧急─┤              ┌─阅览区
  紧急不重要─┼─四象限2×2矩阵─❹矩阵法      ├─借阅区
  不重要不紧急┘              │       ┌─藏书区
                  MECE分类法─┼─❷要素法─图书馆─┼─服务区
                  │              ├─活动区
  制胎─┐              │       └─办公区
  掐丝─┤              
  烧制─┤              
  点蓝─┼─景泰蓝的制作─❺流程法   ┌─单价
  烧蓝─┤              └─❸公式法─销售额─┤
  打磨─┤                    └─数量
  镀金─┘
```

在运用MECE法则进行分类时，要遵从以下4个步骤：

步骤1：确定问题的范围

使用MECE原则时，先要识别当下遇到的问题是什么，以及想要达到什么样的目的。这个范围决定了问题的边界，避免漫无目的，让逻辑变得混乱。

步骤2：寻找合适的切入点

好的分类是从寻找切入点开始的，就是你准备按照什么原则进行区别，或者说划分的标准是什么？比如，是按时间先后分，还是按事情的大小分？是按内容的重要性分，还是事情的紧迫度分？如果实在找不出分类的切入点，可以试试最简单的二分法。

步骤3：整个结构最好控制在三个层级之内

找出大的分类后，可以继续用MECE进行细分。比如，男性和女性，还可以按年龄、职业、收入、居住区域等要素进一步细分。但是，过细的分类将带来结构级别的增多，级数越多，检索和浏览的效率就会越低。所以，整个结构最好控制在三个层级之内。

步骤4：检视是否有所重复或遗漏

MECE原则最大的优势就是，可以让思考更结构化，不重复，不遗漏。分完类之后必须好好地检视，查看是否有明显的重复或遗漏。

通过上述的4个步骤，再烦琐的问题、再庞杂的资料，都能够建立起逻辑框架，继而被拆解开来，并最终得到解决。MECE在概念上并不算难，但需要我们在生活中不断地进行刻意练习，才能灵活地运用。

▶ 4-2 不断地追问"为什么"，直到问题没有意义

很多时候，为了避免被杠精的"神逻辑"带偏，抑或防止被

诡辩者迷惑，我们不能一味地跟着对方的思路走，而是要保持独立思考，并利用追踪思维去探寻真相、破斥谬误。

逻辑小课堂
追踪思维

追踪思维，也叫因果思维，是指按照原思路刨根问底，穷追不舍，用心寻找那些经常被人忽视的地方，以及不引人注意的线索，直至找出某些问题的最终原因。

大跌眼镜
只要买香草冰激凌，汽车就无法启动

有一次，通用汽车公司下属汽车制造厂的总裁收到客户寄来的一封信，对方在信中抱怨说，他新买的通用汽车，只要从商店买香草冰激凌回家，就无法启动，如果买其他种类的冰激凌就不会出现这样的问题。有人觉得，这问题不在车子本身，可能是香草冰激凌的问题。

制造厂总裁对这封信也感到费解，想不出什么好的解决策略，就只好派一名工程师前去查看。当晚，工程师就随着这个车主去买香草冰激凌，果然在返回时车子无法启动了。工程师百思不得其解，回去向总裁汇报说问题确实存在，但一时间还无法确定是什么原因导致的。

在总裁的嘱托下，工程师随着车主一连两个晚上都去买冰激

凌。车主分别买了巧克力和草莓两种口味的冰激凌，结果车子都可以正常启动。可到了第三个晚上买香草冰激凌时，车子又跟原来一样，出现了发动机熄火的现象。虽然工程师没有找到真正的原因，但他敢肯定绝对不是香草冰激凌引发的问题。

这件事情引起了汽车制造厂的关注，总裁要求工程师一定要查明原因。在几次随车主外出的过程中，工程师对日期、汽车往返的时间、汽油类型等因素都做了详细的记录。最后，工程师发现了一些关键的线索：问题可能与买冰激凌所花费的时间长短有关。

香草冰激凌只是一个偶然的因素，因为它是最欢迎的一种口味，售货员为了方便顾客购买，直接把它放在货架前，买的人如果需要，用最短的时间就可以买到，而这个时候汽车的引擎还很热，产生的蒸汽无法完全散失掉。如果买其他冰激凌的话，时间相对长一些，引擎可以充分冷却以便启动，所以就不会出现发动机熄火的情况。

为什么车子停的时间太短就无法启动呢？经过工程师的进一步调查研究发现，问题出在"蒸汽锁"上。虽然这是一个很小的细节，技术难度也不大，可却严重影响了客户的使用。经过反复思考，工程师终于解决了这个问题。

逻辑小课堂
5-WHY 法

在探寻问题本质的时候，我们可以利用5-WHY法。这种方法最初是由丰田佐吉提出的，是指对一个问题连续多次追问为什么，直到找出问题的根本原因。

问："机器为什么不运转了？"
答："因为保险丝断了。"
问："保险丝为什么会断？"
答："因为超负荷运转导致电流过大。"
问："为什么会超负荷？"
答："因为轴承不够润滑。"
问："为什么轴承不够润滑？"
答："因为油泵吸不上来润滑油。"
问："为什么油泵吸不上来润滑油？"
答："因为油泵产生了严重的磨损。"
问："为什么油泵会产生严重的磨损？"
答："因为油泵没有装过滤装置而使铁屑混入。"

看，经过不断追问，我们往往就能探寻到问题的本质。如果当一个"为什么"解决后，就停止了追问和思考，认为换个保险丝就解决了问题，那么不久后保险丝还是会断，问题还是会反复出现。

任何时候，头痛医头脚痛医脚，都不是解决问题的良方，透过现象看到本质才是关键。这也告诉我们：无论是在工作还是生活中，都要多用心，多思考，多问几个为什么。在使用5-WHY法时要注意，虽然名为"5-WHY"，但在使用时并不限定只做5个"为什么"的探讨，也许是6个、8个或者更多，确定次数的原则是：不断追问下去，直到问题没有意义。

▶ 4-3 群体的内聚力越强，越要当心群体思维

在通用公司的一次重要会议上，斯隆听取了大家的发言后总结说："在我看来，我们大家都有了完全一致的看法了。"出席会议者频频点头表示同意。然而，斯隆话锋一转，又说道："现在我宣布——休会！这个问题延期到我们听到不同意见时再开会决策！"

为什么斯隆要这样说呢？按照常理来说，召开会议的目的，不就是为了就某一问题达成一致的意见吗？怎么还要延期到"听到不同意见"呢？

逻辑小课堂
群体思维

在群体决策中，人们往往为了维护群体和睦而压制异议，社会心理学家贾尼斯将这种现象称为"群体思维"。在群体思维的支配下，会议中很容易产生错误决策。

大跌眼镜
一群聪明人作了一个蠢决策

相对于完全由个人作出的决定，人们似乎更愿意相信由群体

智慧作出的决策。但有意思的是，历史上许多重大的错误决定恰恰是由群体作出的。美国60年代发生的"猪湾事件"，就是一个典型的例子。

猪湾事件，是指1961年4月17日在中央情报局的协助下逃亡美国的古巴人在古巴西南海岸猪湾，向菲德尔·卡斯特罗领导的古巴革命政府发动的一次失败的入侵。对美国来说，这次未成功的进攻，不仅是一次军事任务的失败，也是一次政治决策的失误。

面对猪湾惨败，肯尼迪总统曾愤怒地问道："我们怎么会这么蠢？"

他得到的答案是："团体中的成员太蠢。"

现实是不是这样呢？我们来看看入侵猪湾的计划者都有谁？

罗伯特·麦克纳马拉，道格拉斯·狄龙，罗伯特·肯尼迪，麦克乔治·本迪，阿瑟·施莱辛格，迪恩·鲁斯克，艾伦·杜勒斯……试问：有哪一个是蠢人？

那么，真正的问题出在哪儿呢？

答案就是：决策过程出了问题，也就是集体思维出了问题。

群体思维，最早出现在欧文·贾尼斯写的一本书的书名中。他对大量错误的群体决策进行分析后，得出了一个结论：一个群体的内聚力越强，就越容易导致群体思维的错误。猪湾事件的计划者们，无疑是一个富有智慧的群体，借由他们惨遭失败的经历，我们能获得什么启示呢？

启示1：聪明人也可能会作出愚蠢的决定。

猪湾事件的计划者们知道自己很聪明，自认为不可能失败。但事实是，聪明人也可能作出愚蠢的决定。因为真正重要的不是你有多聪明，或有多愚蠢，而是你有多正确，你对事物的推理有多透彻。要控制局势，靠的不是意见、智商、名声和过去的经验，而是以证据支持的推理。支持结论的证据越多，结论就越可能是正确的。

启示2：有不同意见者，会碍于群体压力而放弃己见。

很多时候，群体的个别成员不想提出反对意见，一方面是担心自己的说法遭到嘲弄，另一方面是不想浪费团体的时间。施莱辛格曾在备忘录中表示——"入侵古巴是不道德的"，但在团队会议时却没有表态，因为有人告诉他："总统已下定决心，多说无益。"

启示3：在压力下所作的思考，不如放松状态下的思考周全。

肯尼迪在行动失败后试图解释这个错误："中情局只给我们两个选择，入侵或什么都不做。"这个说法是真是假不得而知，但能够肯定的是，总统可以改变自己的决策，真正的主导者是他，并不是中情局。

群体领袖肯尼迪，早就表明自己支持入侵行动。这让其他成员产生了一种错觉，觉得政策已经决定了，反对总统可能会给自己带来政治风险。这项决策很重要，也很复杂，总统又在压缩成员讨论的空间，让他们面对极大的压力与束缚。人在压力下所作的思考，通常不如在放松状态下的思考周全。

社会影响力对人的实践、判断和信念有很大的影响。与群体一致是普遍的做法，可当为了顺从群体而违背现实原则，远离真理走向错误，并纯粹以群体的想法作为判断基础时，就会犯集体思维的错误。群体思维是一种思考谬误，容易让人脱离现实，得出错误的观点，甚至导致灾难。透过猪湾惨败的事件，我们需要意识到一点：当自己的意见依赖于别人的意见，而非自己思考过的判断时，我们很可能是错的。

▶ 4-4 当思维"卡住"的时候，不妨试试这样做

人的思维能力，或多或少都会遇到"卡壳"的时候，这就是我们常说的思维障碍点。遇到这样的情况时，不能选择在"一棵树上吊死"。世界上的很多事物之间都存在或大或小的差别，同时也存在或多或少的联系。通过有逻辑地归纳，并对已经掌握的知识进行区分，可以逐步构建起比较完整的知识脉络，并发展出众多的思维方法，从而让自身的思维能力得到发展，攻克思维定势。

逻辑小课堂
触类旁通

在处理事情时，可以对遇到的问题进行转换，用一系列手段将其变换成过去遇到过的类似问题。在这个过程中，我们要根据当时的具体情况对问题进行分析和归纳，通过逻辑推理在思维形式上做到具体与抽象的整合，实现求同存异，在一般规律中发现特殊规律。

大跌眼镜
"叩诊"是怎样发明的

18世纪50年代，在意大利的罗马有一位知名的医生，名叫奥恩德尔克。他救下过许多垂危的病人，因而声名远扬。有一回，奥恩德尔克为一名患者诊断病情，经过仔细检查后，却没看出对方得的究竟是什么病。为此，他只好让患者留院观察。

几天以后，患者突然死亡。奥恩德尔克十分不解，为了弄清楚原因，他申请了尸体解剖。结果发现，这名患者的胸腔严重化脓，胸腔中全是脓水。他认为，是自己的失职导致了患者死亡，因而决定要找出彻底根治这种病症的方法。

一日，他看到经营酒业的父亲正在用手敲打装酒的坛子，根据不同的声音判断酒坛中所盛酒的容量。看到这一幕，他有一种豁然开朗的感觉——人的胸腔和酒坛，不是很相似吗？用敲击的方法，能不能查出胸腔中是否有积水呢？

很快，奥恩德尔克就把这种设想运用了到临床试验中。经过大量的临床验证，他终于成功找出了胸腔疾病与敲击声音变化之间的关系，发明了"叩诊"这一著名的医学诊断方法。

逻辑小课堂
组合思维

单一的资源和力量是有限的，"组合"才能走得更远。在生活中要培养组合思维，把多项貌似不相关的事物通过想象进行连接，使之变成彼此不可分割的、新的整体。

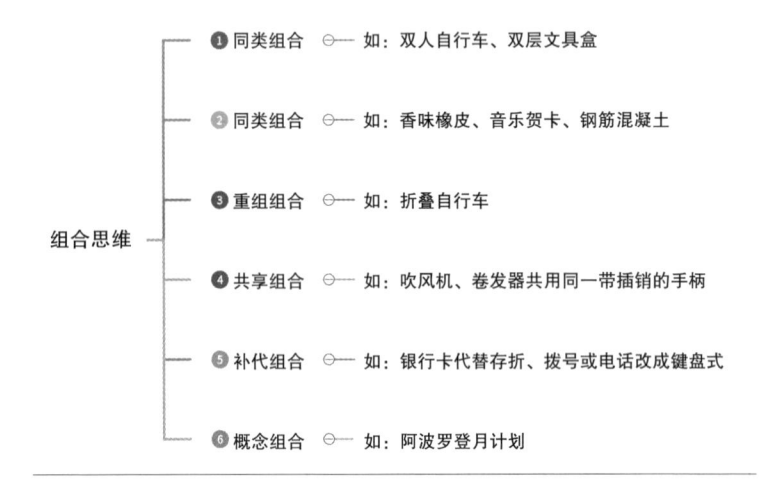

组合思维
- ❶ 同类组合 ○— 如：双人自行车、双层文具盒
- ❷ 同类组合 ○— 如：香味橡皮、音乐贺卡、钢筋混凝土
- ❸ 重组组合 ○— 如：折叠自行车
- ❹ 共享组合 ○— 如：吹风机、卷发器共用同一带插销的手柄
- ❺ 补代组合 ○— 如：银行卡代替存折、拨号或电话改成键盘式
- ❻ 概念组合 ○— 如：阿波罗登月计划

大跌眼镜
相同的遭遇，不同的结局

A和B是两个饥饿的行者，他们得到了一位好心人的救助，分别

得到了一篓鱼和一根鱼竿。在得到礼物后，两人就分道扬镳了。

得到鱼的A，找了干柴搭起篝火，美美地吃了一顿烤鱼。一篓鱼原本也没有多少，很快他就吃光了，最终没能逃脱被饿死的结局。得到鱼竿的B，日子也不好过，忍饥挨饿地走到海边，还没钓到鱼，就已经精疲力竭，在饥饿和疲惫中死去。

后来，又有两个饥饿的行者C和D，他们也得到了那位好心人的救助。他们获得的礼物，与A、B一样，也是一篓鱼和一根鱼竿。不过，他们没有分道扬镳，而是选择并肩前行。

C和D先是烤了两条鱼，补充体力。然后，带着剩下的鱼和那根鱼竿，去寻找大海。途中，饿了的时候，他们就烤一条鱼吃，有了力气后再继续赶路。

经过一段时间的长途跋涉，C和D终于来到了海边，过上了靠捕鱼为生的日子。几年后，他们两个人都盖起了房子，各自也有了家庭、子女，还有了自己的渔船。

组合思维能够把我们日常熟悉的东西重新组合并构成一个未知的、富有新意的事物。这种思维方法通常可以创造出新的事物，虽然简单，却很有效。

逻辑小课堂
逆向思维

任何事物都有多方面的属性，如果只看到熟悉的一面，而对另一面视而不见，就会陷入思维的死角。若是懂得逆向思考，反

其道而行，往往能够出人意料，带来耳目一新的感觉。

大跌眼镜
怎样拍集体照能让所有人都不"眯眼"

拍摄集体照的经历，大家都体验过。通常来说，照相的姿态不会有太大的问题，最难的就是，在按下快门的那一刻，保证所有人都睁着眼睛。因为在看集体照时，我们总会发现有个别人的眼睛是"眯着"的，当事人看了往往很不爽：为什么把我拍得那么丑？

回顾一下拍照的过程：一般的摄影师都是喊"1、2、3"，提示大家要拍照了，然后按快门。但人总是要眨眼睛的，在调整了位置后，再喊"1"和"2"，很多人就已经坚持不住了，到"3"的时候，上眼皮就开始找下眼皮了。

有一位摄影师说，他拍集体照，就很少出现这样的情况！他的思路跟其他人不一样：先让所有拍照的人都闭上眼，听他的口令，也是喊"1、2、3"，当他喊道"3"的时候，所有人要一起睁开眼。这样的话，照片冲洗出来，很少有人闭着眼睛，且大家的眼睛比平时睁得更大，显得更精神！

面对难题时，按照熟悉的常规思维路径去思考，即正向思考，有时能够找到解决问题的方法。但也有一些问题，用正向思维去解决，效果甚微，这时候就需要逆向思考。只不过，在采取逆向思维的时候，有两个关键问题需要注意。

关键问题 1：要深刻认识事物的本质。

所谓逆向，不是简单的、表面的逆向，不是别人说东，我偏要说西，而是真正从逆向中找出独特的、科学的、令人耳目一新的、超出正向效果的方法。

关键问题 2：坚持思维方法的辩证统一。

正向与逆向原本就是对立统一的，不可完全分割。所以，在采用逆向思维时，也要以正向思维为参照、为坐标进行分辨，才能显示其突破性。

▶ 4-5 怎样避免"说了半天，跟什么都没说一样"

不知道你在生活中有没有遇到过这样的情况：被别人问到一个问题，或是向他人发问，彼此之间商讨了一番，最后却感觉"说了半天，跟什么都没说一样"？

———— 大 跌 眼 镜 ————
"算了，算了，不约了！"

阿雅："今天周五了，晚上一起约个饭吧？"
辰辰："好啊！难得放松。"

阿雅："你想想，我们晚上吃什么？"

辰辰："嗯……吃什么？吃火锅爱上火，日本料理又太凉，自助餐一顿下来热量爆表……吃中餐的话，周五好多餐厅都需要等位子，也很麻烦。"

阿雅："说了半天，跟什么都没说一样！"

辰辰："我刚刚说了呀……"

阿雅："你根本没有回答我，罗列了一大堆选项，但等于什么都没说。我是在问你，今天晚上吃什么？去哪里吃？"

辰辰："必胜客有点远，海底捞人太多，最近的那家回转寿司，都已经吃过好几次了。"

阿雅："说了半天，又跟什么都没说一样！"

辰辰："我不是说了吗……"

阿雅："算了，算了，不约了！"

在类似上面这样的情境中，任谁站在阿雅的角度，都会被闹得心烦。辰辰没有搞清楚阿雅的问题，阿雅问的是"今天晚上吃什么？"并不是让辰辰罗列出各种选项，是让她作一个决定！可辰辰却理解成，阿雅就是要让自己罗列选项，结果一言不合，友谊的小船就翻了。

然而，问题就只出在辰辰一个人身上吗？身为提问者的阿雅，有没有必要反思一下，自己在提问的时候，有没有做到准确无误，让问题简明易懂呢？

从逻辑学上讲，之所以会出现上述的情况，跟不会分解问题有很大的关系。我们在日常生活中，既要学会分解自己的问题——为的是让别人更好地把握我们的问题；也要学会分解他人的问题——为的是减少答非所问的状况发生。

那么，具体该怎么操作呢？我们着重从"提问方"的角度来阐述一下。

步骤 1：利用 5W + 1H，确定问题的方向。

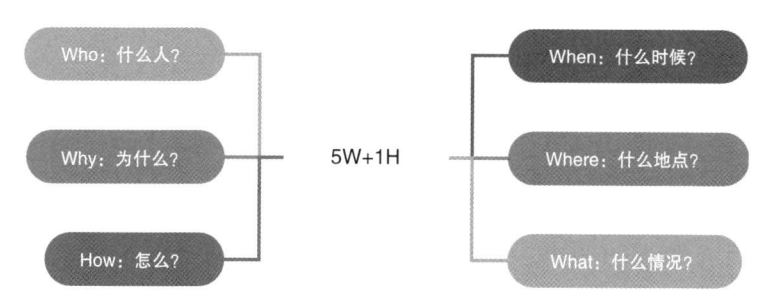

- Who：什么人？
- Why：为什么？
- How：怎么？
- 5W+1H
- When：什么时候？
- Where：什么地点？
- What：什么情况？

生活中最简单的疑问句，莫过于5W+1H，即确定你要问的是哪个方向上的问题。如果你想询问"那是什么"，就要用"What"，而不能用其他的疑问词；如果你想问"方式"，就要用"How"，而不是其他的疑问词。总之，想知道什么内容，就要选择与之相对应的疑问词来提问。

步骤 2：着重强调问题的目的。

想问哪方面的问题，就要选择恰当的疑问词，以避免问题与自己的意向不一致，得不到想要的答案。如果你想询问"时间"，就要把提问的重点放在"When"上；想询问"是什么"，就要着重强调"What"，这样才能让问题更具目的性。只有明确强调问题的目的，才能避免回答者"答非所问"或是"故意诡辩"，从而得到想要的答案。

步骤3：一句话只问一个问题方向。

无论提出什么问题，都应当有侧重点。一个提问最好只有一个疑问因素，一句话只问一个问题方向，让回答者清清楚楚地知道，你究竟想问什么、想了解什么，从而给出准确的回应。

如果一个问句包含太多问题方向，回答者很难了解你到底想要知道什么，或是有机会故意避重就轻。比如，"刘小A同学，你昨天下午没有来上课，请问你和谁、去了哪儿、做了什么？"这个问句中，包含了三个疑问因素，刘小A很难第一时间了解，你到底想要知道什么，是想问"我和什么人在一起"，还是想问"我去了什么地方"或者"我做了什么"。该从哪个方向回答，回答者简直是一头雾水，很难简单直接地清楚回应。

时间宝贵，精力有限，没有人喜欢"多费口舌"，除非是闲来无事的杠精。为了避免"多费口舌"的情况发生，我们应当学会有效地分解问题，让每一个提问都清晰明确。这样的话，一问一答才能相对应，既不会偏题，又能少费口舌。

▶ 4-6 向杠精发问：你如何知道它是真的，能证明吗

在提问的过程中，我们遇到的所有推理论证，几乎都涵盖以下三方面的内容：

○ 过去是什么样？
○ 现在是什么样？
○ 将来是什么样？

这些看法形式不一，有可能是假设，有可能是理由，也有可能是结论，但说话者的目的是一样的，希望听者能够把这些看法当成事实，并认同它、接受它。

在逻辑学上，这些看法被称为"事实断言"。

现在，杠精把一个看起来无懈可击的"事实断言"摆在你的面前，你的第一反应会是什么？你是选择无条件地相信，还是选择仔细分析，看看这个结论有无疏漏？

如果你选择的是后者，那么要从哪些方面着手对事实断言进行验证呢？

面对事实断言，如果你要验证它，需要回答以下几个问题：

○ 问题1：我为什么要相信它？
○ 问题2：是否需要证据来证实这一断言？
○ 问题3：证据可靠吗？

如果需要证据，而你没有看到证据，那这个断言就属于孤立断言，即这一断言未获得任何方式的证实。对此，你必然要去怀疑孤立断言的可靠性，并进一步向杠精求证。如果有证据，为了

客观评价推理过程，你要记住一点：与其他事实断言相比，有些事实断言显得更加可靠。

举个例子：如果说"大部分美国参议员都是男性"这一断言是真的，你可能觉得把握比较大；如果说"练习瑜伽可降低罹患癌症的风险"这一断言是真的，你可能将信将疑。对于绝大部分的断言来说，想要证实它是绝对的真理，还是绝对的谬误，即便不是绝对不可能，也是非常困难的一件事。

通常来说，某个断言的证据数量越多、质量越高，我们可信赖它的程度就越高，我们也越能把这样的断言叫作"事实"。可能有人会问：有没有什么办法，可以帮助我们确定断言的可靠性？

答案是：有！我们可以借助提问来实现。

- 问题1：你的证明是什么？
- 问题2：你如何知道它是真的？
- 问题3：你有什么证据吗？
- 问题4：你为什么相信它？
- 问题5：你能确信它是真的吗？
- 问题6：你可以证明吗？

如果你养成了经常问这些问题的习惯，那你就离"杠精终结者"不远了。

这些问题要求提供论证的人进一步解释这些论证的基础，以证实其言论的准确性。任何一个提出论证的人，只要他希望你认真思考这个论证，都会毫不犹豫地回答你这些问题。他们知道自己掌握了实质性的证据，可以证实其断言。所以，他们会希望你了解这些证据,并渐渐认同他们的结论。

相反,对于出示证据这一简单的要求,如果有谁表现得大发雷霆或躲躲闪闪,那就存在问题了。杠精们往往就会如此,他们这样做,很可能是因为自己感觉很尴尬,难为情。因为他们已经意识到了,自己没有足够的证据去支撑某一看法和观点。

逻辑推理游戏
盛满水缸的时间

院子里有一口水缸,下雨的时候,水缸可以在2小时内盛满雨水。如果这天的雨大小不变,只是雨倾斜着落下来,那么,盛满这口水缸需要的时间是长了还是短了?

(答案:和雨竖直下的时间一样长!)

▶ 4-7 任何时候都要记得多问一句:真的如此吗

世界上没有完全独立存在的事物与现象,每一件事情的发生都可能是源于其他事情,也可能会引发其他事情。问题也是一样,不会单纯存在,我们看到的那些问题,未必是全部,后面可能还隐藏着更多的问题。况且,任何事物都有其内在结构,不同的问题之间,也会根据不同的内在结构产生不同的联系。

逻辑小课堂
问题之间的关系类型

○ **直接联系 VS 间接联系**

问题有表象和本质之分,有时我们看到的问题并不是真正的问题,彼此之间的关联也未必准确,这就是直接联系与间接联系的区别。

○ **偶然联系 VS 必然联系**

偶然联系是指事物联系与发展过程中不确定的趋势,产生于非根本矛盾和外部条件,是不稳定的、暂时的、不确定的,属于个别表现;必然联系是指事物联系和发展过程中一定要发生、确定不移的趋势,是比较稳定和确定的,是同类事物普遍具有的发展趋势。

○ **主要联系 VS 次要联系**

主要联系对事物的发展起决定性作用,处于支配地位,次要联系则处于被支配地位。

○ **本质联系 VS 非本质联系**

本质联系是事物内在的、必然的、规律性的、稳定的联系,对事物的性质和发展方向起决定性作用;非本质联系是事物及事物外部的、表面的、偶然的、不稳定的联系,对事物的发展只起影响的作用。这两种联系,也可以称为内部联系和外部联系。

当多种问题同时存在时,切忌"想当然",要记得多问一句:真的如此吗?

别小看这个疑问,它会引领你进一步思考各种问题之间的相关性。有些问题之间是有关联的，有些问题之间则不存在关联。对于有关联的问题，要作为一个整体去研究解决策略；对于不存在相关性的问题，要进行识别分类，以此提升解决问题的效率。

大跌眼镜
"生产效率低，就是因为工人懒！"

某印刷厂的老板对厂子的生产效率低下感到忧心，为了给老板"排忧解难"，杠精助理发表言论："工人们的惰性太强，您对他们又太仁慈，其他工厂都是24小时轮岗，加班加点地赶工。"老板听了杠精的话，先后召开了三次会议，要求工人们加班赶工，但效果并不理想。

无奈之下，老板只好找专业的咨询顾问帮忙解决问题。在搜集资料时，助理杠精又向咨询顾问强调"工人惰性强"的问题，顾问点头表示知晓，却没有尽信，而是对印刷厂进行了详细的调查和分析。结果，他发现了工厂确实存在不少问题，而其中最主要问题有两点：

○ **问题1：工厂的生产设备老化**

印刷厂的电脑配置过低，导致运行速度慢，正常情况下1分钟能够导出的文件，则需要2分钟才能完成，徒增了工人们制图与排版的时间。负责印刷的老机器，经常出故障，每次维修从申请到批复，再到维修后可以继续使用，至少要花费1天的时间，这也严重地影响了生产效率。

在等待文件导出的过程中，工人们的情绪最初是很焦躁的，但是天长日久也就习惯了，不再为此事着急。趁着等待的时间，他们干脆就闲聊或是做点其他事。很多时候，电脑已经完成了处理，而他们还沉浸在闲聊的乐趣中，等回过神的时候，已经浪费了不少的时间。

○ **问题2：员工待遇低，流动性大**

印刷厂的工人们，大都是在这里工作了五六年的老员工。这些年里，他们的工资只涨过一次，且幅度很小，年终奖也不是每年都有。面对不断升高的物价和几乎一成不变的工资，工人们根本没有积极工作的动力，反正干多干少都是这点儿钱，不如省点劲儿。

年轻的员工到厂工作一两年后，发现提升空间很小，工资也不理想，就主动辞职了。年龄稍大的员工，本想着图一份稳定的收入，当工资待遇无法满足生活需求时，他们的工作热情也下降了，开始考虑换工作。员工的流动性大，对印刷厂来说也是一种资源浪费。毕竟，从入职到上岗要经过一段时间的培训，这期间新员工无法创造效益，还要发实习工资；老员工一边带新人一边工作，效率也会受到影响。

在对印刷厂效率低下问题进行了详尽的分析后，咨询顾问向厂长提出了解决方案：

第一，对负责生产的电脑进行升级，提高电脑配置，加快运行速度，减少不必要的时间浪费；更换厂内经常出毛病的老旧机器，避免因故障问题停工。第二，适当提高员工的薪资待遇，保证年终奖定时发放，激发员工的工作积极性。

印刷厂的老板听取了咨询顾问的建议，大力投入资金进行改革。事实证明，这次的投入是有意义的，设备运行速度快了，员工们也受到了鼓舞，印刷厂的生产效率大大提高，利润比之前增长了30%！此时此刻，杠精助理也意识到，自己的那一套"加班歪理"有点儿"打脸"。

通过这个案例，我们可以更好地理解"问题的关联性"：印刷厂效率低下，和工人的工作效率有关，也和印刷厂的设备有关。咨询顾问没有听信杠精助理的言论，而是依靠详尽的调查发现了这些关系，并用最可行的方法解决了问题。

之前我们也提到过，把相关性看作因果性是逻辑思考中的一个致命谬误。事物之间有相关性，并不能证明它们存在因果关系。有时，两者之间的因果恰恰相反，或者两者之间根本没有因果关系。这种谬误会让我们无法准确地认识到真正的问题出在哪儿，无法形成一条正确的逻辑线索。

所以，在分析问题和解决问题的时候，我们务必要进行一项重要的逻辑思考：分清楚哪些事件只是相关的，哪些事件是既相关又互为因果的，建立在这个逻辑思考基础上，问题就会更容易被分析清楚，得到彻底的解决。

▶ 4-8　什么样的表达让杠精找不出"杠点"

公司接手了一个重要项目，主管把任务交给了新来的卢珊。

和客户几番商讨之后，对方让卢珊做出一份正式方案，过几天汇报。难得刚来就被信任，接手重要的项目，卢珊很想好好表现一番，于是连夜准备了40多张PPT，可谓是"事无巨细"。

在公司进行"演练"时，卢珊刚讲到第5页，主管就有点儿不耐烦了。到了第10页时，主管频频皱眉头，忍不住打断："能不能直接说重点，三五句就能说清楚那种？"卢珊当场就懵了，杵在那里不知所措，她觉得方案中说的都是重点，根本不是三五句话就能说清楚的。

"如果你不能在短时间内讲清楚，说明方案有问题且不具有操作性。客户不是第一次跟我们合作，对方的负责人非常挑剔，你这样的方案很难通过，他不当众让你难堪就是万幸了！"主管直言道。卢珊心里觉得委屈，但更焦心的是，她不知道该怎么修改方案，才更容易说服客户。

要打造有说服力的主张，在设定论点之后，需要搭建逻辑框架。如果没有框架，上来就去思考主张的内容和根据，很容易像卢珊一样啰唆了一堆，却让人感觉不知所云。

那么，怎样才能做到逻辑清晰，条理分明呢？

芭芭拉·明托认为，如果在进行的表达的时候，运用金字塔结构，就可以让表达的内容形成一个富有逻辑的框架，既能够保证对方听得懂，又具有说服力。

逻辑小课堂
金字塔结构

任何事情都可以归纳出一个中心论点，而此中心论点可以由三至七个论据支持，这些一级论据本身也可以成为论点，被二级的三至七个论据支持，如此延伸，就形成了金字塔结构。

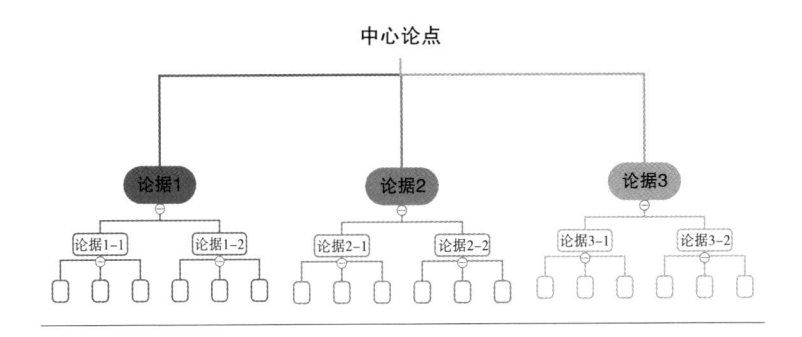

```
                    中心论点
         ┌─────────────┼─────────────┐
      论据1           论据2          论据3
      ┌─┴─┐          ┌─┴─┐          ┌─┴─┐
   论据1-1 论据1-2  论据2-1 论据2-2 论据3-1 论据3-2
```

人的短期记忆无法一次性容纳7个以上的项目，相对比较容易记住的项目是3个左右，而最容易记住的是1个项目。这就意味着，当大脑发现需要处理的项目超过4~5个时，就会将其归类到不同的逻辑范畴中，以方便记忆。

简单来说，一次记忆不超过7个项目，自动地找出项目之间的逻辑关系，这是大脑的两个需求。想要让表达有理有据、条理清晰，就要极力地去满足大脑的需求，一旦背离了大脑既定的思维结构，听者就会觉得枯燥难懂、不易理解。要是遇到了杠精，对方会很容易找到其中的某一个"杠点"来杠你。为了避免这样的情况发生，就要利用金字塔结构——结论先行，自上而下表达。

假设你是一位公司负责人，现有一位咨询顾问对你的公司进行了一个月的走访。现在,他已经发现了公司的问题所在,并将结果汇报给你。对比一下,这两种表达有什么不同?

○ **普通表达**

"经过这段时间的走访,我发现贵公司的问题的确不少:首先,公司人力资源部门的职责有待加强,在这段时间里,我没有见到他们处理过一起员工违纪事件;其次,公司产品研发部门和营销部门内耗严重,这些都可能会致使管理体系崩塌;最后,客服部门也有问题,我一直都不知道还有这个部门,感觉他们好像很清闲,要处理的工作事务很少。"

听完这番汇报,你认为这位顾问想要表达什么呢?他的核心观点是什么?你会信任这样的咨询顾问并与之合作吗?

○ **逻辑表达**

"就我目前得出的结论,贵公司存在严重的管理问题。管理问题表现在,客服部门人浮于事,产品研发部门与营销部门相互推诿,而这一切的根源在于人力资源部门的责任缺失,没有起到很好的监管作用。这个问题是我通过一个月的走访和调查发现的,有大量的资料可以支持我的观点:第一……,第二……,第三……"

实际上,这段话的内容和上一段是一样的,但是表达方式不同,结果也就大相径庭。这里运用的就是芭芭拉·明托推荐的"结论先行、次序表达"的金字塔结构:通过一定的方式让所要表达的内容形成一个富有逻辑的框架,这个框架包括一个结论和一些支撑结论的假设与事实,然后通过一定的顺序将它们排列起来，需要表达的时候按照次序来表达。

这就是金字塔结构，先说结论，再说支撑结论的依据，你学会了吗？

▶ 4-9 适当利用数量符号，降低表达的抽象度

假设现在要你帮客户做一个帮助贫困儿童的公益广告，你会怎样表达？

用语言来呼吁大家关注贫困儿童吗？稍作思考，恐怕你就会排除这种方式，因为它太过平淡无奇了。无论是观众还是听众，对于你所讲述的事情根本没有概念，自然也不会产生多少的共鸣，甚至还会指出各种问题。要是换成下面的陈述方式，感觉似乎就不一样了：

"零下14度的天气，有5个孩子只穿着秋衣秋裤，有2个孩子连鞋子都没钱买。因为没有交通工具，每天他们要徒步10050米，花费3~4个小时前往学校。他们的午餐是1个馒头，1包咸菜，1杯白开水……像这样的孩子，我们全国还有XXX万……"

在沟通表达时，相较于文字陈述，运用数字的效果更好。因为数字是真实的、具体的，可以让对方在脑海里形成清晰的图像，往往比修辞和逻辑都更重要。在对话过程中，若能巧妙地运用数字，往往只需几句话，就可以精准地传达信息，实现沟通目的。

逻辑小课堂
形象具体的数字表达＞抽象的文字叙述

相比抽象的文字,形象具体的数字更适合运用在沟通之中。通过对数字的列举,可以带给对方直观、形象的感受,让对方在最短的时间内真正地理解你要表达的内容,从而实现快速有效的沟通。

当你试图说服投资商继续追加投资时,如果你这样说:"放心吧,肯定能赚钱!请你相信我,我拿我的人格做担保!"对方不仅不会被你打动,甚至还会觉得你在"吹牛皮",不会轻易地追加投资。

换一种方式,如果你这样表述:"咱们可以以现在类推,你看,现在每天可以收入3000元,那么扩大一倍后,收入至少也能到达5000元。这样,一天的净盈利就有2500元!可以赚这么多,你还要犹豫吗?"

仔细观察你会发现,多数精准表达、有效沟通的案例中,数字都起到了至关重要的作用。

我国申办2008年北京奥运会时,使用了一系列切实的数据,给投票委员们带来了不小的影响:"在4亿年轻人中传播奥林匹克理想""通过了一个12.2亿美元的预算""95%以上的人民支持申办奥运""60万志愿者随时准备投入奥运会""北京的财政收入增长超过20%",等等。

销售人员在推销某种产品的时候，很少用经久耐用或者卫生安全这样的字眼，而是会更明确地说"实验证明，我们的产品可连续使用6万个小时而无质量问题"，或者"我们的产品经过了12道严格工序。此外，在质量监督机构检查以前，我们内部已经进行了5次严格的质量检查"。

看，这就是数字的力量，这就是铁一般的事实，比任何苦口婆心的解说都更有说服力。不过，运用数量符号时，也有一些注意事项。

注意事项1：确保数据的真实性和准确性。

陈述数据是十分有效的沟通方式，前提是要保证数据的真实性和准确性。如果你所使用的数据不够真实或准确，那数据也就失去了意义。最为严重的是，一旦让对方发现这些数据是虚假或者错误的，那么就会认定你在欺骗和愚弄他。失去了信任感，将会导致沟通无法继续。

注意事项2：不断更新自己的数据储备。

数据是不断变化的，在列举数据的过程中，不能把数据看作是一成不变的，要根据实际情况的变化，不断更新自己的数据储备。

> **注意事项 3：把握一个适当的使用量。**

数据可以在恰当的时候很好地说明一些问题，但是一定要适可而止，不要滥用各种数据。数据使用过于频繁，会使对方麻木甚至厌恶。这样，反而达不到预期的沟通目的。

▶ 4-10 当你的观点说服力较弱时，加入假设作为支撑

你可能也听过一句话："世上没有如果，只有结果。"这句话是在提醒我们，要学会接受现实。可即便如此，我们还是忍不住在某些时刻对自己说："如果……"庆幸的是，这也并非绝对的坏事，在逻辑学上，当你的观点说服力较弱时，你是可以加入假设来作为支撑的！

为什么在表达的时候，需要使用假设呢？它对我们有什么帮助吗？

> **假设的作用 1：丰富话语。**

当你说了一个已经存在的事实之后，可以利用假设来讲一些虚拟的事实和想象的状况，以此来增强感染力。最常见的情况就是，话说到一半"卡壳"了，这时你可以说："如果……

就……""要是……就……""只有……才能……",或者"让我们来想象一下……"这些都属于假设。

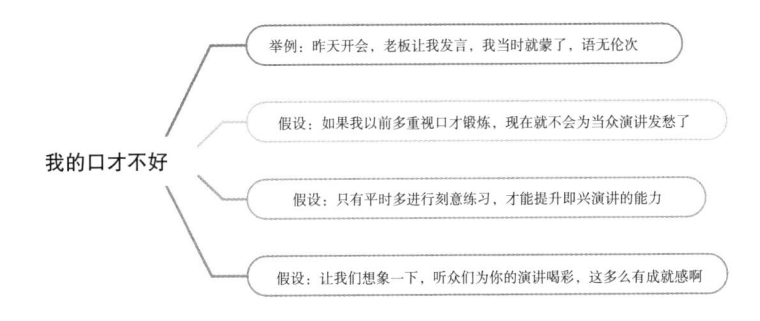

我的口才不好
- 举例:昨天开会,老板让我发言,我当时就蒙了,语无伦次
- 假设:如果我以前多重视口才锻炼,现在就不会为当众演讲发愁了
- 假设:只有平时多进行刻意练习,才能提升即兴演讲的能力
- 假设:让我们想象一下,听众们为你的演讲喝彩,这多么有成就感啊

假设的作用2:拓展思路。

创造力与想象力密不可分,当思想失去了想象力,就会变得刻板而没有活力。

英国哲学家波普尔在《历史主义的贫困》一书中,将历史主义严格地限定为历史决定论,他反对这种"历史主义"。在波普尔看来,历史没有规律可循,因此也无法预言,历史的解释不该归为科学的范畴,因为它是不能检验的,历史主义的错误就在于它把历史的解释误认为是科学的。

通常,我们提到"贫困"一词,都是用来指一个人在金钱上的匮乏,而波普尔却用它来批评一种思想,他将其称为"历史主义的贫困",说的就是它缺乏想象力,只是机械地解释历史,认为历史是一个一切都有定数的过程。在思考问题和表达观点时,如果总是"一根筋",听起来就显得很呆板、死气沉沉。倘若展开想象与假设，就能够跳出狭隘的格局，让思路活跃起来。

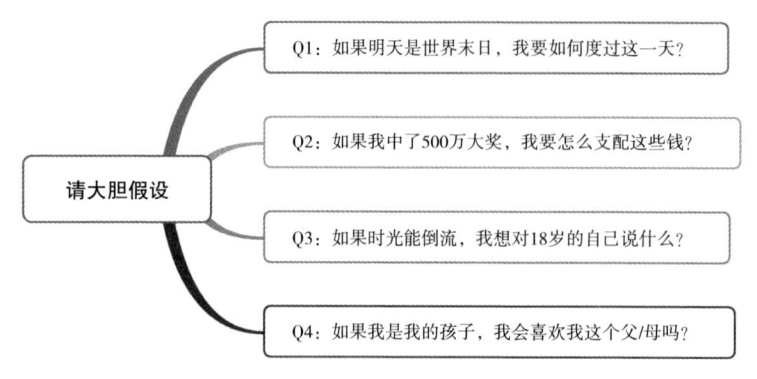

请大胆假设
- Q1：如果明天是世界末日，我要如何度过这一天？
- Q2：如果我中了500万大奖，我要怎么支配这些钱？
- Q3：如果时光能倒流，我想对18岁的自己说什么？
- Q4：如果我是我的孩子，我会喜欢我这个父/母吗？

上述这些假设，看似都是不切实际的想象，可当你真的用心去思考它们的时候，你是在跟自己进行深度的连接，并可以借此探寻到心中最真实的想法、最在意的东西、最迫切的希望、最渴望满足的需求等。当然，还可以展现出你的见识与格局。

可能有些人会觉得：自由奔放的想象与严谨周密的逻辑思维不是相对立的吗？

实际上，这是一种错误的认知。逻辑思维是指遵循客观规律和主观思考的思维方式，想象作为一种思维活动，必然也有其内在的思维规律性。更何况，想象不是漫无边际的胡思乱想，而是需要满足逻辑自洽性的合理假设。你去看科幻小说时会发现，虽然作者凭空假想出了一个虚拟的世界，但那个世界依然有其内在的逻辑，小说里的任何一个情节都能自圆其说，都经得起考验。如若破绽百出、前后矛盾、不合逻辑，谁会浪费时间去读它呢？

假设的作用 3：增强说服力。

这是我们要说的一个重点，假设可以增强说服力。事实上，没有人能够轻易地被另一个人说服，除非他愿意，而愿意的原因是——趋乐避苦。人都会追求自己喜欢的东西，同时也有逃避痛苦的倾向；两者相比，逃避痛苦的驱动力更强。假设之所以能够增强说服力，就是因为它能够展现诱惑或威胁。

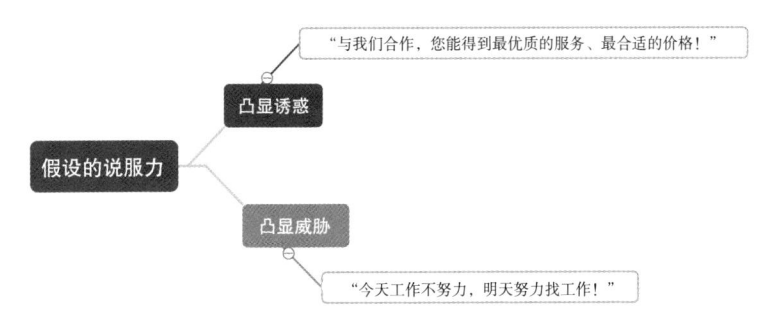

```
                  ┌─ 凸显诱惑 ── "与我们合作，您能得到最优质的服务、最合适的价格！"
假设的说服力 ──┤
                  └─ 凸显威胁 ── "今天工作不努力，明天努力找工作！"
```

一个真实的假设，往往能够让某些情形灵动地呈现在眼前，让真理浮出水面。当你学会以假设作为前提和基础，那么无论面对什么样的状况，你都能够有条不紊地分析、解决问题，而不至于陷入困境。同样，在表达观点时融入假设，也更容易说服他人。

▶ 4-11 学会"套用"杠精的话，让对方难以狡辩

生活中有不少杠精，表达想法和意见时总是忍不住奚落他人，或是刻意提出一些"有问题"的问题去调侃他人。很多人不知道该

如何回应。其实，有个最简单的办法，套用对方的语法结构和语调形式，表达出与对方相反的意思，这样就能让对方乖乖地闭嘴。

大跌眼镜
谁是人，谁是兽

在一个寒冷的冬日清晨，长工老李披了一件羊皮褂子在院子里扫雪，财主"周扒皮"起床后看见了，就想趁机挖苦老李，他大声说："嘿，老李，你身上怎么长出了一张兽皮？"

老李笑了笑，回答说："老爷，你身上怎么长出了一张人皮？"

片刻后，周扒皮才回过神来，气愤不已，可又只能自认倒霉。

大跌眼镜
"穷人和富人，都会支持我！"

古希腊的雅典有一位聪明机智、能言善辩的演讲家，他四处发表演讲，雄心勃勃地猎取功名利禄。一日，他的父亲对他说："孩子，你再这样下去，不会有好结果的。说真话吧，富人会怨恨你；说假话吧，穷人又会指责你。可既是演讲，不讲真话就得讲假话，所以，不是遭到富人的仇恨，就是遭到贫民的反对啊！"

演讲家听了父亲的话，笑答："父亲，我会有好结果的。如果我讲真话，穷人就会拥护我；如果我讲假话，富人就会支持我。既是演讲，不是讲真话就是讲假话，可无论我讲什么话，不是得到穷人的拥护，就是得到富人的支持，我有什么好担心的呢？"

你有没有看出上面的两则故事存在的共通之处？

逻辑小课堂
同构意悖

仿照对方辩词的话语结构，建构一个与对方话语结构相同，但语意完全相悖的观点，并以此反制对方，这种方式叫作"同构意悖"。由于是按照对方的话语结构和思维逻辑导出的结果，所以面对这样的反制，对方通常无以置辩，只能自食其果。

大跌眼镜
寻衅滋事的大汉

在委内瑞拉的一个小镇上，某大汉酒后寻衅滋事，被人告上了法庭。他预感到法官要惩罚他，就选择先发制人，说："我想向法官提几个问题。"这一请求，得到了法官的允许。

"我如果吃了沙枣，有什么不好吗？"

"没什么不好。"

"如果我再喝些水，有罪吗？"

"无罪。"

"然后，我躺在地上晒一会儿太阳，算不算犯法？"

"不算。"

"那为什么我喝了一点用枣加上水酿成的东西，然后在街上晒一会儿太阳，你们就说我有罪呢？"那人最后抛出了这一问题，质问法官。

法官想了想，没有直接回答他的问题，而是来了一番反问：

"先生，现在我想向你提出几个问题，你能认真回答吗？"

"你随便问。"

"如果我向你泼一点水，会导致你受伤吗？"

"不会。"

"如果我往你头上倒一些黏土，你会致残吗？"

"当然不会。"

"那么我把这些黏土和水掺在一起做成砖头，再放在太阳底下晒一晒，然后用它打击你的头，会有什么样的后果呢？"

"这肯定会打破我的头啊，还用问吗？"

"虽然水和黏土都不会伤到你，但用水和黏土做成的砖头却会砸坏你的头；同样，喝点水、吃点沙枣不违法，但用这种枣和水酿成的酒，却会让你丧失理智，寻衅闹事，触犯法律。"

此时，大汉一句话也说不出来了，只好乖乖地听候法官发落。

法官非常清楚，跟一个蓄意胡搅蛮缠的酒鬼讲法律，就跟和杠精讲道理一样，没什么效用。所以，他巧妙地运用了"同构意悖"的方式，仿照对方提问的话语结构和思维逻辑，建构出了与他相对应的一套提问的话语结构和逻辑思维，向对方进行反制，推导出对方的强词夺理站不住脚，而酗酒肇事的罪名却成立的事实。

在运用同构意悖术的时候，我们不需要考虑所使用的话语结构是否正确，是有效还是无效，只要跟对方的话语结构相同，就能达到反击的效果。因为我们的目的不是重新"立"一个论点，而是要"破"掉对方的诡辩，达到"以子之矛攻子之盾"的效果，让对方哑口无言。

▶ 4-12　沟通出现分歧时，尝试用换位思考解决问题

无论在工作还是生活中，沟通的目的是就某一问题达成共识，但这个过程不总是顺利的。当我们与沟通对象之间存在意见分歧时，最好的办法不是去反驳对方的观点，或是强迫对方接受自己的意见，而是要懂得利用换位思考的技巧，更好地理解对方，同时也获得对方的理解。

你可能会说：对杠精也要表示理解吗？没错！无数的事实告诉我们，和杠精吵架是吵不赢的，杠精的自我价值感来源于证明"我是对的，你是错的"，而不是说明问题的实质。想要有理有据、不失体面地破斥杠精的神逻辑，让他承认事实与真相，有时换位思考比争辩更奏效。

心理学家艾宾浩斯认为：换位思考是人与人之间的一种心理相互体验的过程，且这种设身处地、将心比心的心理转换是人与人之间达成理解所不可或缺的心理条件。

逻辑小课堂
换位思考

人是受直觉控制的,在思考的过程中,立足点总是以自我为中心,这种思考模式很容易让思考陷入主观臆断中,有意无意地忽略许多客观的东西,进而导致思考产生偏差。换位思考,能够让人从自我这个主体当中脱离出去,进入客观世界,从而看到事物的全貌。

苏珊在跟客户沟通推广方案的设计,但客户时不时地提出新想法,让苏珊感觉很无奈。忍了两次之后,苏珊终于开口表态。

苏珊:"您这样做很容易导致工作延时。"

客户:"啊?我自己的方案自己不能改?"

苏珊:"我们很专业,经验丰富,请您放心。"

客户:"我是甲方,是我出钱,不得我做主吗?"

……

就这样,双方陷入了拉锯战。

你觉得问题出在哪儿呢?是苏珊太强势,还是客户太苛刻?

其实,这场争执的关键在于,沟通双方都缺少换位思维,没有站在一起共同解决问题。苏珊尝试解决的问题是:说服客户同意放权。客户尝试解决的问题是:说服苏珊同意自己修改方案。双方站在了对立面,想解决的问题不一样,自然无法达成共识。

那么,问题该怎么解决呢?

当苏珊和客户陷入拉锯战时,项目经理及时介入。

经理:"既然您选择了我们,一定是认可我们的专业。合作向来是求共赢,您的目标是以最好的形式推广品牌,我们也是希望如此。"

"是啊,我也是为了做好方案。"客户点点头,怒气未消地说道。

经理:"请您理解。提意见是正常的,我建议您将大致的想法都理清楚,统一提出来。如果想到一条就提一条,容易混淆思路,导致方案不完美,这也不是您想看到的,是吧?"

客户的态度缓和了下来,不再那么咄咄逼人。

经理:"所以,请您相信我们!当然,我们事先会询问您这边的建议,也希望您能够积极配合。"

"好啊,这样解决就好多了。"

项目经理之所以能说服客户,原因就在于,他没有强调"我是对的",而是站在客户的角度思考,原本双方可能出现的对立关系变成了"共同解决问题"的关系。通过这样的沟通,即便双方有分歧也能本着共赢的目的,共同解决一个问题,即"如何有效地降低合作风险"。这样一来,客户自然愿意配合。

当然了,不是每个人在沟通受阻时,都能够快速地进行换位思考,这是一种需要培养和训练的能力。在进行换位思考训练时,要注意以下三个方面。

方面一:培养习惯。

许多人都有这样的感触:明明知道换位思考可以有效地处

理意见分歧，却在关键时刻将其抛在脑后，事后才悔不当初。其实，这是因为没有养成换位思考的习惯。所以，平日里做任何事情都要考虑一下别人的感受或想法，久而久之习惯就会成自然。

方面二：思考结果。

在换位思考之前，一定要清楚换位思考能够给自己带来什么样的结果，我们不能因为换位思考而放弃原本的利益，最多是将利益缩小或实现双赢。同时，还要思考清楚，站在对方的立场上做某件事情，是否会给自己造成伤害。如果存在这样的情况，那就应立刻停止，这样的换位思考违背了初衷和预期的结果，没有存在的意义。

方面三：掌握分寸。

凡事有度，换位思考也一样。在分析问题时，不能太过主观，但也不能太过客观，如果忽略了自己的立场，那就本末倒置了。遇到需要换位思考的情况时，要从六个视角去思考：主观视角、客观视角、相关视角、发展视角、积极视角、结果导向视角。

总而言之，换位思考是一种让人从另一个角度看自己的方式，如果不能脱离自己的视野，就容易被"第一人称视角"所困住，看不到死角，继而掉入"当局者迷"的陷阱。改变自以为是的立场，用他人的视角和思维去观察和分析问题，可以起到"旁观者清"的作用。